WONDER 精彩照片

色彩故事 Color stories

访谈 Interview

案例 Projects review

IFDM
室内家具设计

年份 YEAR III

秋/冬 Fall | Winter

出版商 Publisher
Paolo Bleve
bleve@ifdm.it

主编 Editor-in-chief
Johannes Neubacher
johannes@ifdm.design

出版协调 Publishing Coordinator
Matteo De Bartolomeis
matteo@ifdm.it

总编辑 Managing Editor
Veronica Orsi
orsi@ifdm.it

项目经理 Project and Feature Manager
Alessandra Bergamini
contract@ifdm.it

合作商 Collaborators
Silvia Airoldi, Agatha Kari, Francisco Marea, Antonella Mazzola, Naki, Petra Ruta, Tara

国际投稿 International Contributors
纽约 New York
Ayesha Khan, Anna Casotti
洛杉矶 Los Angeles
Jessica Ritz

公关经理&市场经理 PR & Marketing Manager
Marta Ballabio
marketing@ifdm.it

设计部 Graphic Department
Sara Battistutta, Marco Parisi
grafica@ifdm.it

网络部 Web Department
web@ifdm.it

翻译 Translations
Cesanamedia - Shanghai
Trans-Edit Group - Italy

广告 Advertising
Marble/ADV
Tel. +39 0362 551455 - info@ifdm.it

版权与出版商 Owner and Publisher
Marble srl

总部 Head office & Administration
Via Milano, 39 - 20821 - Meda, Italy
Tel. +39 0362 551455 - www.ifdm.design

蒙扎法院授权 213号 2018.1.16

保持联系
Let's keep in touch!

ifdmdesign

精选内容 Monitor

设计灵感 Design inspirations

即将推出项目 Next

92

166

IFDM
室内家具设计

年份 YEAR III

01

秋/冬 Fall | Winter

图书在版编目（CIP）数据

室内家具设计：工程与酒店：珍藏版 / IFDM杂志社编. — 沈阳：辽宁科学技术出版社, 2018.9
ISBN 978-7-5591-0942-2

Ⅰ. ①室… Ⅱ. ①I… Ⅲ. ①居室-家具-设计
Ⅳ. ①TS664.01

中国版本图书馆CIP数据核字
(2018)第208364号

出版发行：辽宁科学技术出版社
（地址：沈阳市和平区十一纬路25 号
邮编：110003）
印 刷 者：北京利丰雅高长城印刷有限公司
经 销 者：各地新华书店
幅面尺寸：225mm×260mm
印 张：15
插 页：4
字 数：300 千字
出版时间：2018 年9 月第1版
印刷时间：2018 年9 月第1次印刷
责任编辑：杜丙旭 鄢 格
封面设计：关木子
版式设计：关木子
责任校对：周 文
书 号：ISBN 978-7-5591-0942-2
定 价：RMB 128.00 元
联系电话：024-23280070
邮购热线：024-23284502
E-mail: Orange_designmedia@163.com
http://www.lnkj.com.cn

Bastian livingroom design Mauro Lipparini

巧夺天工之作

不论是产品、建筑物、供应系统、小型酒店、新的总部大楼，还是让人叹为观止的最新工程，都能被写进IFDM《Contract & Hospitality》之中，只要它们的设计足够“巧夺天工”。

IFDM是一个充满活力、不断创新和成长的杂志。其凭借鲜明的定位，在2016年创建了《Contract & Hospitality》，致力于加强建筑师、设计师和决策者之间的关系，因为这些人的独特风格可以影响知名酒店品牌的构架。如今，IFDM与辽宁科学技术出版社合作，发行《Contract & Hospitality》半年刊中文版，实现了进一步发展，在商机无限的中国成立了新的据点。其目标读者是位于北京、上海、广州、深圳、成都和南京的专业人士。

IFDM将首次登临上述六个城市，在各大高校、博物馆及机场的建筑设计类书店上架销售。此外，该杂志还将在亚马逊中国和当当网等电商平台上出售。

《Contract & Hospitality》半年刊以全新的视角向读者近距离展示酒店设计的概念，突出“意大利造”的鲜明特色，并强调两个关键词：品质与美感。

封面采用热情洋溢的红色，这自有其巧妙之处，但并不是全部。

热情的颜色能够第一时间吸引读者的眼球，让其产生想要阅读的欲望与好奇之心。颜色不仅能够影响人们的日常生活、引起情绪变化，甚至更能决定潮流趋势。IFDM与ColorWorks和Clariant公司合作，在《Contract & Hospitality》中推出年度色彩预测，公开未来色彩潮流。

Judith Van Vliet讲述的四个故事将一直刊登在《Contract & Hospitality》春夏三月版和秋冬九月版中，预测2019色彩潮流。

PAOLO BLEVE
出版商 Publisher

走向新视野

借今年首次亮相的设计中国北京的东风，IFDM将正式登陆中国。作为一个行业信息的创新平台，IFDM多年来为设计师和开发商、品牌、建筑师们提供了专业交流的聚合点和参考。特别是为意大利的卓越设计工业与它全世界的追随者们搭建了沟通的桥梁。

这个平台现在正式将据点落户在中国首都，一个近年来疯狂爱上设计的国家。几乎每周我们都能看到某个豪华设计酒店的开业，新零售空间或高端住宅项目的落成。真正的改变来自于消费者，他们变得更成熟有品位同时对品质和细节的要求更高。对于意大利设计企业在中国的发展来说简直是天赐良机，意大利设计的精髓：精致的设计，经典的优雅和无比的舒适等这个新兴市场的接受度和反响都在日益增长。

与世界上其他地区的消费者相比，中国顾客更加积极地拥抱数字化，因此我们将通过多媒体渠道将关于全球高端家居和设计行业的精彩内容传递给数百万新读者和行业决策者们。我们骄傲与荣幸地与本年度设计界最具影响力的活动设计中国北京合作首发我们的中文版书籍。随之而来的是一系列针对中国市场的项目，比如为中国开发商和建筑师们提供的礼宾服务，十一月创刊的中文杂志，以及必不可少的对日新月异的中国设计界的积极关注和全球范围的支持。请欣赏我们的精彩内容并祝我们和中意设计行业未来大展鸿图。

JOHANNES NEUBACHER
主编 Editor-in-Chief

精彩照片 WONDER. Double Echo回声装置 | Vincent Leroy & Adorable设计

这是声音设计师和艺术家协同打造的作品，其流畅连续的造型让人感到惊讶，更能感受自然的声音与流动。独立的单一结构让其看起来格外自由，像是完全脱离了真实世界。把耳朵靠近，也许我们从这里

还可以听到大海的声音，就像贝壳一样。

© Vincent Leroy

旅馆稍加改变就可以成为一个温馨的家庭住宅。室内格外精致，丰富的色彩、极简风格和现代样式之间的对比营造了更加突出的特色。

© do mal o menos

精彩照片 WONDER. 雷克斯远洋游轮| Armchair 144扶手椅 | Poltrona Frau设计

Poltrona Frau的第一次远洋计划始于1930年，而Armchair 144扶手椅为其提供了一流的装饰。

© courtesy by Poltrona Frau

色彩故事：对色彩趋势的讲述

一个对ColorWorks®部设计师Judith Van Vliet女士的独家采访，展示2019年色彩趋势预览，通过以色彩为线索的叙述方式带领我们发现新兴的社会运动

从Contract&Hospitality Book（中译：工程与酒店期刊）的国际版到其子期刊中国地区版，这个以设计为主题的非同寻常的期刊以“色彩故事”作为开篇栏目。该栏目与科莱恩（Clariant）公司事业部ColorWorks®合作，推出首次刊登的独家内容，伴随每六个月出版的每一期IFDM刊物，揭示下一年度的色彩趋势预览。

“色彩故事”栏目与嘉宾Judith van Vliet女士一道谈论色彩及其相关趋势——这个在产品和室内设计过程中极端重要的方面。Judith van Vliet女士是ColorWorks®研究中心的设计师和ColorForward®团队的领导人，也就是认可20种时尚色彩的“色彩预测向导”。这20种时尚色彩是通过每年一度由ColorWorks®全球四个研究中心（圣保罗、梅拉泰、芝加哥、新加坡）设计人员及合作伙伴参与的为期五天的研习会确定出来的。

这些色调来自哪里？它们是如何确定的以及为什么“引领潮流”？答案来自于“潮流”一词自身的概念，通常被理解为涉及社会普遍性的某种现象的取向、倾向和方向。对色彩趋势的确定实际上是ColorWorks®专家在初始阶段就觉察和识别到全球范围的社会变化和新兴运动的趋势，然后将它们分为四个宏观主题（也就是他们称为的“故事”），每个主题再被“诠释”成一个5种颜色的色板，这样总共确定出下一年度ColorForward® 色彩趋势的20种颜色。

那么2019年的潮流色彩是哪些？如果说2018年呈现的是社会普遍性的迷惑，对新体验——包括精神上的和可持续性的体验——的寻求在色彩上表现为饱和度低、偏“脏”和中性的色调，那么下个年度在色彩方面，显然也在积极乐观性方面将伴随色调的增强。

“早在2014年，在对2016年ColorForward®颜色趋势研究的工作中，我们就窥见到消费者正变得更加内省，对世界上发生的事情所感到的恐惧有所减少。”Judith van Vliet女士介绍说：“反映在浅淡色彩以及更为柔和、更为黯淡和模糊的颜色中的黑色依然保留了下来。虽然2019年的色彩仍然偏淡并且以灰色为主，但是我们在其中看到了人们寻求以不同方式幸福地生活在一个日益科技化的世界中的越发强烈的决心。这种心态会相应地反映在色彩上。”

如果说现代科技在个人生活和职业生涯中的不可或缺性不再是一个新闻，但是每个人对科技产品在生活中所占据的份额，尤其是它们对使用者施加的控制的认知是不同的。Do not Disturb （中译：请勿打扰）和CTRL+F这两个“故事”分别涉及这一话题。需要重新把握住控制权，促进人类与科技之间的互补性，并且激发还远离人工智能的创造性和同理心领域。这正是Made in Human（中译：人类制造）的主题。首先，但不限于此，千禧一代已经有能力将创造性和科技性这两个方面结合在一起，他们是大多数最新趋势的新兴主角。好奇的是非洲的这代人（所谓的‘非洲千禧代’）正是从这个年轻的大陆汲取到灵感，在音乐、电影和色彩等领域找到了一种表达自我的新方式。我们将第四个也是最后一个故事——Umswenko ——献给非洲大陆及其新的代表者。

以下是这四个故事。

作者 Veronica Orsi

审美
Aesthetics

Seeding artificial life

机器人纪元的曙光

镜像人类

لخوارزمي

未知：正在登场

第一期 FIRST STORY. 查找（CTRL+F）

“Ctrl”是个人计算机键盘上的一个键，“control（控制）”的简称，但我们在这个科技日趋发达的世界里却似乎逐渐失去了对科技的控制力。2019年将出现革命性研发的exaflop级运算，即每秒达到一百亿亿次浮点运算速度，这个科技研发是关乎一间美国公司和中国公司的竞争。该科技将超越人脑，而人工智能将有能力自我提升。革新者如 Tesla 和 Spacex 公司创始人 Elon Musk 或科学家如斯蒂芬·霍金惧怕的是，人工智能正在达到的速度，有超越人类所能控制的危机，使人类永远成为生物机械。Musk在他的模拟理论（simulation theory）中指出，我们现在可能不是活在一个物质世界，而是活在一个用二进制码创造的世界，也就是说，我们正活在一个游戏之中。电影《黑客帝国》(Matrix)和科幻小说曾经好像是遥不可及的故事，但是否真的这样？辨明虚幻与现实的难度，已经可以从三维模拟方法和虚拟现实技术的提升中理解得到。我们亦可从信息中理解得到，信息经常被伪造和被算法影响(线上假新闻问题)而使内容被过滤。如何能在这个情况下重新取得控制权呢？它便是本主题带出的难题。

从中衍生出来的颜色反映着当中的难题。一种名为“未知：正在登场”(The Unknown: now boarding)的烟黑色代表着奥秘，明亮的闪光效果使颜色更加突出，唤起了它能永远作为背景颜色的积极性，以及这种巨大的改变带来的刺激感。exaflop级运算速度化表现的颜色为“机器人纪元的曙光”(The dawn of robotocene)，这种颜色近乎橘色和荧光粉红色，予人温暖、生气勃勃和刺激官能的感觉。我们眼前未知的将来(我们将来是否仍是有骨肉之躯的人类?)通过有闪光效果的银色“播种人工生命”(Seeding artificial life)表达出来，这种颜色令人想起金属物质，适合用于透明板上。与众不同的是“镜像人类”(Mirroring Human)香槟金色(金色曾经在2016年色彩趋势中亮相)，这次的色调变得简约和浅淡，带有温暖感。最后一种名为“لخوارزمي (花剌子密 Al Khwarizmi)”的颜色，是采用以自己名字衍生出“algoritmo(算法)” 这个术语的数学家命名，它是一种不确定的蓝色，能接近紫色或接近红色，这种颜色能寻找出人们能整理各种各样数据的理想世界。

第二期 SECOND STORY.

人类制造 (MADE IN HUMAN)

作为与过去的色彩趋势有直接联系的趋势主题，“人类制造”(Made in Human) 着重人类社会的演变这一个层面。虽然科技发展正在迅速增长，但也必须保持我们明确的人类身份，以及拥有思想、创造力和能与人工智能互补的人类独特性。人类普遍惧怕机器人能在许多专业领域上取代人类的地位，而肯定的是，70%的工作，特别是重复性的工作，将在未来10至20年内由机器人或计算机取代。但您可以想一想，这个现象其实已经发生在工业化时代。我们和机器人有所不同的是，我们有批判性思维和直觉，我们的创造力、情感、情绪和批判性思维仍然无法在机器人身上找到。

艺术家、设计师和高级讲师 Theo Humphries 提出“本能设计”——一种没有编制程序的设计，它只凭直觉，并不需要任何知识传授。这种直觉是人类的独特性之一，他特别指向新一代，因为他们总是越发缺失这种特性。“瑞吉欧 (Reggio Emilia)” 教育法被广泛采用于小学教育，它在20世纪70年代的意大利推行，重视每个儿童的表达力和创造性，从而加强他们的想象力、认知力和发明创造力。

代表这些趋势的颜色是“保持奇迹活着”(Keep Wonder alive)，这是一种淡薄、透明和水润的颜色，“做梦者”指的是儿童玩耍和追求美好的能力。“未命名”2017是ColorWorks的艺术作品，这是一幅带有自然色调的艺术家画作，中央故意画上的一笔象征着人类的创造性。采用杏仁核黄色(代表着想法的颜色)表达创造性，杏仁核是人脑的一部分，帮助我们以批判性方式思想，并让我们存活下来，这两点都是人类的特性。由多种充满生气和力量的颜色如蓝色、紫色和红色组合而成的“一张脸、一种人”(One face, one human)，代表着思路，亦代表人类的整体性，这种颜色带有总是变化不一和不受控制的效果，这是对应人类在现实世界中拥有的独特性。这种独特性十分宝贵，必须保存下来，与这种需要相对应的是一种名为“保护核心”(Protect the core)的颜色，这种甜蜜的红色带有一点粉红，表达着保护我们的存在方式是势在必行的事，并使人想到人类的生命力。这种色彩代表我们的勇气和我们的创造性。

审美
Aesthetics

Keep wonder alive

ColorWorks, 未命名, 2017

Amigdala

“一张脸、一种人”

Protect the core

审美
Aesthetics

白噪音

άταραξία von has fidanken

Antidote

专注

One and only

第三期 THIRD STORY.

请勿打扰 DO NOT DISTURB

我们的效率极低。与便利日常生活的初衷相矛盾的是，现代科技对日常生活的影响越大，我们就越多地丧失集中注意力的能力。当今的全球文化反映出：今日社会始终处于“接通”状态，生活中充满大量分散注意力的因素（手机、电脑和各种高科技工具充斥我们的日常生活），工作效率受到干扰。加利福尼亚大学的调查显示，我们每天不受干扰专心工作的时间只有11分钟；开放式办公室内的工作效率下降15%，同时个人舒适感减少30%。这使得公司直接参与提供解决方案。澳大利亚的Navy Design公司在自己的工作室中引进了“安静时间”，专门利用一个小时的时间保持沉默和以“离线”方式提供各种帮助和支持。结果出人意料：两个月内工作效率提升了23%，员工的情绪和工作幸福感明显好转。其他公司引入了“洞穴日”，用来最终完结某个进行中的项目。为此专门聘请“抗拖延症保姆”，目的是帮助员工集中注意力，便于达到既定目标。

如果说分散我们的注意力的因素变得过多，这也与我们可以有很多选择的可能性有关。我们生活在一个美国人称之为“杂物窒息”的时代，社会以“反选择构架”的心态对此做出回应：（根据Siegel+Gale公司的一项研究）人们更愿意花更多钱来获得更独特的体验。

由此可以得出，结合这种社会心理趋势的色调偏于朴素、适度、柔和，与鲜艳色彩不同的是，这些色调有助于集中注意力。例如“White Noise（中译：白噪声）”这种颜色，特点是白色中带有一丝灰色；或者“άταραξία（心神安宁）von has fidanken”，一种绿色／藏蓝色，意在反映ataraxia这种没有纷扰、心神完全安宁的情绪状态。正在重新成为流行色的灰褐色也不乏空间，我们推出的“Antidote（中译：解药）”色在灰褐色调中加入了一丝暖红色；“One and only（中译：独一无二）”是一种柔和的淡紫色，代表“反选择构架”心态。最后，我们用这个故事的关键词“Focus（中译：专注）”为一种自然但更具活力的绿色命名，以此反映2019年唤起的积极氛围。

第四期 FOURTH STORY. 生活时尚 UMSWENKO

聚焦非洲大陆及其丰厚的文化遗产，今天终于得到新一代的弘扬并使其超越国界。这归功于非洲千禧代，这是历史上第一次他们把握住自己的历史和文化遗产，将其带入一个新方向。尽管这个大陆存在极端的贫穷，但也是继亚太地区之后经济增长最迅猛的地区，并且有着世界上最庞大的年轻人群体。这些年轻人是时尚、摄影和艺术方面所体现的变革和新表现力的拥护者，同时始终与自己的原生文化息息相通，意在展示其最真实的异质性。例如在音乐方面，通过AfroBeat风格的流行乐，已经成为非洲城市千禧年的主旋律音乐；或者在时装方面，将欧美流行时尚与逆主流亚文化风格融合，产生出前所未有的效果。最前卫的领域也受到了这一趋势的感染。自2015年起，外商向非洲大陆的金融、电信和消费品等服务性行业的投资首次超过了对石油和矿产领域的投资：Nollywood（尼日利亚的好莱坞）发展成为营业额高达6亿美元、年产2500部影片的大规模电影工业，在尼日利亚和肯尼亚之间开发了Silicon Savannah（相当于美国的硅谷），在这里还创立了由Chan Zuckerberg Initiative公司资助的社会企业Andela，致力向科技领域引入年轻一代并向他们提供支持。

那么，哪些色彩可以诠释这种创意兴奋感？

首先是“Afar”，一种有灰尘感的焦橙色（Afar在腓尼基语中的意思就是灰尘），令人联想非洲土地的颜色。名为“Fonio（中译：福尼奥米）”的浓黄色是对这种非洲大陆特有的并且数千年来延续食用的超级谷物的献礼。由于这种谷物营养十分丰富，在现代和前卫烹饪中正在获得新的应用。在“Tribeat”色中可以重温非洲音乐的魅力，这是一种明亮的橙色，带有“果汁”的色调。名为“La Sape”的绿色同样清爽、干净，这种颜色反映了在刚果出现的以非洲时尚绅士装为代表的新兴亚文化，将欧洲时尚与当地风格加以融合。最后是“Kwemizi”色，这个词的意思是“炉灶”，指的是非洲新一代通过艺术和图像所表达的讲故事的重要性，今天被称为“非洲叙事主义”。这是一种带有较浅纹理的黑色，让人联想起炉灶底灰的颜色，传递一种更有机的感觉。

增补内容 NEW STORIES 2020

下一期讲述2020年色彩趋势，2020年3月出版。相关内容将在春夏一期呈现。

积极的共鸣

过去十年中，帕奇希娅·奥奇拉（**Patricia Urquiola**）从大师那里学到了东西，并成了设计领域的龙头人物。她一直在引领设计和建筑的潮流，包括逻辑和情感的两个不可分割的元素。

奥奇拉拥有光鲜的履历。她出生于1961年，与著名设计师阿切勒·卡斯蒂格利奥尼（Achille Castiglioni）、尤金尼奥·贝蒂内利（Eugenio Bettinelli）、维科·马吉斯特提（Vico Magistretti）和皮埃尔·里梭尼（Piero Lissoni）共同学习。她与众多知名家具生产商合作，例如莫罗索（Moroso）、阿加普（Agape）、木提娜（Mutina）、卡塔（Kettal）、莫尔泰尼（Molteni&C）、意大利B&B、卡特尔（Kartell）、安德鲁世界（Andreu World）和海沃氏（Haworth）。她的工作包括设计和建筑两方面，同时还负责监督展览和安装。更重要的是，她是卡纳西（Cassina）的艺术总监。她的项目同样承载着丰富的内涵，每个项目都表达了设计者的强烈认同，这些项目能够将高端的精致感、逻辑方法和丰富的情感结合起来。她具有“多变且不断发展”的个性，就像她对物体和空间的概念一样，她以非凡的可塑性不断适应着，不断克服挑战，拓宽可能的视野。她具有一种显而易见的、具有感染力的多彩能量，就像她用来绘制家具世界的调色板一样。

*作者: **Veronica Orsi***
*肖像图片: **Patricia Parinejad***
*项目图片: **Room Mate Hotels (Room Mate Giulia), Patricia Parinejad (Il Sereno), George Apostolidis (Mandarin Oriental)***

作为卡纳西（Cassina）的艺术总监，您如何看待这家公司？

我经常听到有人说“卡纳西是一家经典公司”，但“经典”一词是一个相对概念，且相当不准确。该公司已经在设计界活跃了90年，这意味着与有相同设计理念的人交流，并分享同样的热情，不仅仅是从商业角度，而且在最广泛的意义上：设计被理解为“走出你的舒适区”。把自己投入到那些结果不可预知的事物中，与优秀的人进行交流。卡纳西是一家经历过重要社会变革的公司，并在其自身的发展历程中反映出这些变化，其中产生了许多故事和经验。

这是一个历史悠久的品牌，拥有经久不衰的产品，如维克·马吉斯特拉蒂（Vico Magistretti）设计的马里卡加（Maricounga）或马里奥·贝里尼（Mario Bellini）设计的La Rotonda 。凭借其600多件作品，卡纳西重新诠释了具有当代美学的物品，这不仅意味着要注重外观，而且还致力于技术，使物品具可持续性和逻辑性。与此同时，我们必须继续创造其他有趣的产品，并以最恰当的方式展示。双重标准和重点使得工作变得更加复杂。因此，对我来说，这是一种荣幸和责任。

您是如何发展这种“当代美学”的？

我认为应该用轻松的方式处理严肃的事情。所以我们继续庆祝卡纳西成立90周年，或称“9.0”，这是一种数字隐喻。9.0指的是对未来开放的事务。因此，我们正在考虑颜色、材料和空间，以及如何以不同的方式将项目付诸实践，还有与康士坦丁·葛切奇（Konstantin Grcic）、布洛勒（Bouroullec）兄弟和帕特里克·乔安（Patrick Jouin）等新设计师进行合作。

Cassina Rive-Droite陈列室，巴黎

我们正在从公司总部的重新设计开始，这些展览空间中有重要的部分，每个部分都有自己的能量，即产生了交流又阐述了各自的故事，我认为这很棒。人们不仅一定能在这里找到目标，而且必须像我们想象的那样，感知一种新的生活概念，即“进化”。

如果说设计是讲述故事，那么您讲述的是什么故事？

每个项目的叙述都会不时变化。在设计方面，阿切勒·卡斯蒂格利奥尼（Achille Castiglioni）曾说过：“你可以做你想做的事情，达成每一次和解，按

在米兰的Room Mate Giulia

部就班的艰难前行，但项目总有一个基本要素。”他认为这很重要。当我们在大学时，他总是问：“这个项目的基本要素是什么？”虽然这句话听起来很简单，但我们不知道该如何回答。从这方面来看没有任何妥协。然而，我们与许多生活方式相关，所以我的工作方式也能适应不同的环境。例如，在米兰的Room Mate Giulia的设计中，我对这个城市的快乐回忆以一种略带反讽的方式引导着我：这是一个复古的空间，你沉浸在许多幻想和个人记忆中。科莫湖上的 II Sereno酒店是不同的：人们问我“使用什么颜色的调色板”，我回答“不需要”：唯一可以接受的是石头、木头和绿色，因此颜色一定是单一的。没有添加任何其他内容。有些项目具有非常强烈的物质、色彩和娱乐概念，而其他项目是以结构为基础的。一定要了解设计的意图并一定要找到那个精确的点。这最终会给你很大的自由空间。我对所有事物和所有影响持开放态度，这反映在我的项目中。

允许多少自由，换句话说，限制在哪里？

我不熟悉限制的概念。或者说，我不会用这些术语来思考。我尝试与其他人合作要么是因为我们有某种共同的目的，要么是因为他们完全信任我，或者因为他们的愿景与我的非常相似。但通常不会这么理想！如果他们在流程中合乎逻辑，我会接受妥协。因此，重要的是要了解您的合作伙伴并稳步掌握项目。

面对周围的各类信息，我们需要决定早上起床、生活和工作，并有乐观的态度。我相信我们现在生活在一个疯狂的反乌托邦中：因此我们需要在头脑中保持一个乌托邦的过程，以便我们希望不断追随美丽的新方向。乌托邦是一片不存在的土地，但它可以被视为一个始终在视线中的地平线，一种努力的方向，鼓励你前进，尽管周围的一切都是复杂和有问题的。我们需要有这个愿景，我们需要分享它。

虽然您的设计中有逻辑，但也有很多情感蕴含其中...

我们一直认为，我们正在思考有情感的存在：最近的一些神经学研究反而认为我们是具有思维能力的情感生物。理解这一点很重要：记忆是有情感的，智力也是如此，它总是与记忆联系在一起。这意味着什么？我们必须要将这些情感价值纳入我们的工作中。

许多建筑师认为，新技术和复杂的结构推进了建筑的发展。但事实上，建筑作品就是应该是它本来的样

科莫湖上的Il Sereno酒店

文华东方酒店，巴塞罗那

子，因为它具有一定的色彩成分，因为光在那个地方完全起作用，因为它有一些额外的元素，一些神奇的元素。建筑可以产生深刻的情感，将我们与最古老的建筑结合在一起。

作为一个女人，我一般倾向于将自己与“情绪”和“情感主义”等词语保持距离，因为我担心自己会被某些关于女性气质的刻板印象所困扰；现在，这么多年过去了，我释然了，因为我经历了智慧的过程，拥有复杂的职业角色，我的精神自由总是一直拯救我——我能够在情感上投入到我的工作中，并真正感受到我正在努力的地方。

酒店设计的目的是什么？

带给游客回家般的体验。我们以各种方式旅行：城市酒店将有更多的游客，而度假村则会产生完全不同的体验。因此，设计不应只看预算，最重要的是传递您要表达的地方特色和情感。

空间的设计必须懂得三个空间坐标和第四时间以及第五和第六，即人类及其与世界的联系。坐标量是无限的。我们不能认为物体和空间是被定义的，因为它们是“可变的”：它们在利用光和与光的关系方面随着时间的推移而变化和发展。

我的目标是创造感知过程，并试图改变客户的思想，就像巴塞罗那东方文华酒店的案例一样，这是一家非常传统的酒店，我们以现代的方式进行改良，这非常受欢迎。当人们打电话给你分享他们的变化，当有实验元素并克服挑战时，那么这与我的逻辑相吻合，我们可以谈论高质量的工作而不管预算——可谓“质量与时俱进”。我们过去常常谈到食品质量，比如丰富的酱汁和高度复杂的食谱；如今，品质来自零公里食材，来自厨师在屋顶或城外自己种植的蔬菜，为您提供简单的烹饪建议和充满好奇的创新过程。在这方面，人们已经了解了这一变化。在公共空间质量的感知中也同样如此，这是我正在为之奋斗的事情。

LESLIE armchair
MARGOT small table
GYSELLE mirror
design
Castello Lagravinese Studio
PH: Matteo Imbriani
OPERA
CONTEMPORARY
Angelo Cappellini & C. srl
Showroom: via Turati 4
Cabiate (CO) Italy
operacontemporary@angelocappellini.com
www.operacontemporary.com

创造幸福

阿尔左拉欧贝罗伊海滩度假村（The Oberoi Beach Resort Al Zorah）俨然成为阿拉伯联合酋长国最独特的度假胜地，其尊重自然环境，犹如波斯湾白色的沙滩上升起的一颗新星，让其重新焕发活力。这一团体项目由Lissoni Associati主导完成。

作为阿联酋七个成员国中最小的一个，阿治曼如同天堂一般，拥有潟湖、红树林以及多种独特的动植物。2017年起，欧贝罗伊海滩度假村开始在这里落户。设计的目标旨在将客人与周围的自然环境（美丽的海洋和广阔的森林）联结起来，这也是Lissoni Associati团队构思的设计理念，其负责整体规划、建筑、室内及平面设计，同时与Vandersandestudio合作打造独特风格，与当地建筑事务所NORR及法国Ilex Paysage Urbanisme、Cracknell Landscape Design公司合作规划景观。设计团队希望采用现代化的方式演绎传统东方建筑，从而打造出由多个结构组成的豪华度假村，包括酒店、私人别墅、餐厅和水疗中心（游泳池和私人海滩），其中所有结构根据各自功能选址，并全部可以俯瞰大海。

酒店由多个建筑物构成，之间通过独特的人行道连接。延伸到庭院内的泳池水面几乎溢出，其表面映射出混凝土结构的倒影，独有一番韵味。私人别墅构成度假村的关键元素，立面包裹在白色灰泥外壳下，内部设有三间卧房，室外设有大型露台，可以远眺波斯湾的美景。

所有者: 阿尔左拉私人发展公司
开发人员: Solidere 国际
总承办商: Six Construct
装修承包商: Bond 室内设计
酒店运营商: 欧贝罗伊集团
建筑设计: Lissoni Associati 公司, NORR 建筑事务所
室内设计: Lissoni Associati 公司
风格设计: Vandersandestudio 工作室
景观设计: Ilex Paysage Urbanisme 公司, Cracknell Landscape Design
装饰: Uno Contract, Living Divani, Porro, Glas Italia, Cassina, De Padova, Vitra, Carl hansen, Baxter, Ton, Antonio Sciortino, e15
灯光: Flos, CTO
浴室: Boffi

作者: *Petra Ruta*
图片版权: *courtesy of Oberoi Hotels & Resorts*

带有两间卧室的住宅区因其独特的大型木质悬臂结构而显得与众不同，在其遮蔽下构成了一系列的室内外生活区。此外，所有的客房内都配备温控泳池。水疗中心是最宁静的殿堂——其布局受到旧城麦地那的启发，不同建筑元素之间通过露天的线型通道连接，内部石材地板和威尼斯灰泥墙壁为个性化理疗套房营造了独特背景，24小时开放的健身房则以木材为主角。最后，海滩餐厅内可以俯瞰海岸上潮起潮落的壮丽景色。这是一个充满活力的地方，享受美食的同时，还可以享受陶瓷和木材谱写的时尚美学。

Lissoni Associati团队还非常注重家具的选择，除Uno Contract定制系列和Antonio Sciortino铁艺结构，其他均来自意大利及其他地区最好的品牌，如Living Divani、Porro、Glas Italia、Cassina、De Padova、Vitra、Carl Hansen、Baxter、Ton、e15、Boffi、Flos和CTO。

说到这里，您还不心动吗？那就来杰克·尼克劳斯(Jack Nicklaus) 设计的18洞高尔夫球场或珍藏文学作品集的图书馆来体验一下吧！

来探索吧！

EMC2酒店位于芝加哥，旨在向天才和智慧致敬。大卫·罗克韦尔（David Rockwell）“瞬息即逝”设计法则将其进行重新诠释。——佩特拉·鲁塔

EMC2酒店是艺术与科学的完美结合体，其名字正是取自最知名的相对论公式 $E=MC^2$，旨在向爱因斯坦致敬。其新潮而极具挑战性的外观设计形象地诠释了大物理学家捕捉想象力的原始能力。

在芝加哥，傲途格精选连锁酒店（Autograph Collection）隶属于万豪酒店集团， EMC2也是其中一员，其设计理念集创新性和想象力于一体。罗克韦尔集团将这一理念重新诠释，为酒店使用者打造了一个包含了无尽的探索游戏的场所。探索（物质与非物质的）以及随之而来的惊奇都是为酒店客人而设立。酒店位于著名的西北大学和芝加哥重要的技术中心之间，为此Koo联合事务所与大卫·罗克韦尔联合为其设计了炫耀的外观，突显科学技术主题。宏伟的入口高达两层，成排堆叠的架子构成了探索之旅的第一元素，旨在传达“惊奇与意外”这一主题，设计灵感源自爱因斯坦狂热的收藏爱好。一系列细节引领着客人继续前行，令人惊讶的是图书室向大厅延伸并包裹住整个接待区，创造了一个奇特的凹槽和弯道交替的空间，仿佛进入另一个世界。在这里，可以尽情欣赏精心挑选的来自当地及世界其他地区的奇特小物件、精美书籍以及古老艺术品。

NOETHER'S THEOREM
SYMMETRY
CONSERVATION
CONSERVATION
of energy
time translation
SYMMETRY

客房内的一组智能化家具特色十足，包括Nube Italia座椅、ClassiCon小桌子、Craft Associates沙发及Seldom Seen Design地毯，与罗克韦尔集团专门特制的一系列元素相得益彰。

一个刻画云朵图案的大型织物背墙板格外显眼，为设计师特别打造的金色抛光玻璃接待台提供了完美背景。客人必须穿过一个私密的入口——壁挂书柜才能进入早餐厅，独特的构想更加突出了梦幻般的氛围。

然而，这只是冰山一角，电梯里隐藏着更大的惊喜。两排镜子将电子屏幕“隐藏”起来，营造艺术装置的效果——当电梯门打开，“墨水”就会倾注而下。艺术、科学和设计在这里互相滋养，在酒店的21层空间内连续上演着一次次的神奇之旅。通往195间客房的通道上铺设着印有放大镜下呈现出来的大分子图像，而客房本身拥有专门定制的外观形象。这里的一切几乎都是设计师专门打造的，从材料（黄铜、皮革、大理石）到织物，都是从纽约和洛杉矶的美术馆或者画室中挑选而来。

所以，这一非同寻常的EMC2是不是已经改变了酒店服务业的常规模式，就像是爱因斯坦改变了整个世界一样呢！

酒店运营商: 傲途格精选连锁酒店
(Autograph Collection)
建筑设计: Koo联合事务所 (Koo & Associates)
室内设计: 罗克韦尔集团 (Rockwell Group)
饰品供应: 罗克韦尔集团定制、
德国ClassiCon家具制造商、 Craft Associates品牌商、
意大利Nube Italia品牌、美国Seldom Seen Design

作者: *Petra Ruta*
图片版权: *Michael Kleinberg*

交响协奏曲/和谐交响乐/数字交响乐

来自米兰FORO工作室的五位“乐器演奏家”负责**Parah**精品店的艺术指导工作，在其位于维罗纳和马尔米堡的店铺设计中展现出了非凡的“听觉”。——佩特拉·鲁塔

他们乐于把自己想象成一个创造和谐乐曲的管弦乐队，各司其职：Claudia Oldani，技术能力卓越的项目经理、Alessandro Pennesi，产品设计师、Giuseppe Ponzo，工作室创始人兼战略规划负责人、Fabio Romenici，乐于挑战的室内及产品设计师、Salvatore Ponzo，创意总监及全能设计师。他们近期的作品即为Parah品牌位于维罗纳和马尔米堡的店铺设计以及全新的理念。从乐谱角度来说，他们发挥各自的技术与才能，为这一创新的多学科设计理念奠定了基调，充分运用情感和感官元素，不仅增强美感，更打造了一种能够实现与用户双向对话的全新方式。这两家店铺设计的重中之重即为植根于品牌的特性，即独特、奢华和女性气质。低调而装饰性十足的布局巧妙地将商品推到主角的位置，并以冷暖对比强烈的材料为背景。维罗纳精品店内氛围以舒适和简练为主，护墙板上覆盖着粉色绒面效果织物，别具特色。水平的Silipol材质（一种由斑岩、花岗岩和细粒大理石组成的石化合物，由高强度白水泥黏合在一起）陈列柜在墙板背景下格外突出，而象牙色钢管结构的垂直陈列架和一系列半透明的蜂窝状聚碳酸酯灯箱则更加吸引眼球。位于马尔米堡的店铺面积更小一些，其更像是一个藏宝盒，朝向半圆形的天鹅绒覆盖的空间开放。中央LED墙上播放着时装秀节目和其他与品牌相关的图像内容，邻近的单个陈列柜由Silipol材质打造，并以轻质金属管支撑，轻盈的造型与玻璃顶盖相互呼应。此外，店铺内还包括象牙色管状陈列柜、粉色抽屉柜和灯箱。在店铺后部，一个类似前厅的空间将店铺主体部分与更衣室隔离开来，确保最大程度的隐私。最后，让音乐响起来吧！

所有者: Parah
室内设计: FORO工作室
装饰: on design

作者 *Author: Petra Ruta*
图片版权 *Photo credits: Francesco Romeo*

趣味设计

放松的环境、宜人的自然以及静谧的独处，这是让来客感觉宾至如归的“Kimpton”风格的最佳诠释。快来阿姆斯特丹这家由Michaelis Boyd工作室精心打造的酒店开启探索之旅吧！一定会让您感到身心愉悦。——佩特拉·鲁塔

入口处的大面墙壁完全由绿色大理石打造，上面霓虹灯照亮的粉色字母拼成“breathe”（呼吸）一词，以独特的方式欢迎着客人的到来。房间门环上采用小鹿、麋鹿和蜜蜂图案装饰，Areti吊灯上“栖息”着几只小鸟，由丹麦Gubi公司生产的椅子上覆盖着印有蜻蜓图案的盖巾，这一切营造出别致的空间氛围。设计师Duo Alex Michaelis 和 Tim Boyd意图在阿姆斯特丹市中心以非常优雅的方式打造一个俏皮、古怪的休闲场所，突出活力感和轻松风格。因此，整个设计团队同Kimpton酒店集团全球高级副总裁兼创意设计总监联手，将这一理念转换成现实。他们刻意参考荷兰城市的传统，动植物图案与木板墙、橡木地板、铝窗及大理石饰面结构完美融合。酒店一层被重新设

计，旨在与街道建立视觉关联，方便客人进入大堂和配有Arflex、Zanotta和Moroso沙发，Cassina扶手椅，Thonet座椅和Muuto坐垫的其他公共空间。前台格外引人注目——蓝色地砖采用古老的雕刻方法制作而成，上面的图案是向当地传统的珐琅致敬；房间中央的壁炉完全采用白色瓷砖包裹，铺有坐垫的长凳则明确的划定了空间的界限。原有的休息室作为整个酒店的核心，现被改造成冬季花园，将自然光线和新鲜空气引入进来，同时还可以作为旁边酒吧的露台。酒吧，是这里一个非常美丽的存在，由Michaelis Boyd亲手设计的鸟类图案壁纸覆盖着整个天花，在光束的照耀下格外夺目，这是向荷兰文艺复兴风格的诚意致敬。华丽的天鹅绒座椅和吧凳由Cappellini专门定制，奠定了整个酒吧的基调。酒店共有274间客房，其中15间具有鲜明特色——橡木地板、大理石床头柜以及植物床头板构成主要陈设元素，而两种不同的布局和色调则提供了完全不同的体验。特别定制的黄铜结构确定了墙壁的多样性功能，可作为抽屉柜、行李箱架、储物架、衣架和镜子使用。浴室内以几何造型元素为主，如六角形瓷砖以及由Michaelis Boyd定制的其他装饰物。

所有者: YC Amsterdam BV 公司
酒店运营商: Kimpton 酒店
室内设计: Michaelis Boyd 事务所
装饰: Arflex, Bend, Cappellini, Cassina, De La Espada, Ethimo, Golran, Gubi, Hay, Moroso, Muuto, Thonet, Zanotta
灯光: Areti, Astro, Flos, Lee Broom, Vibia
织物: House of Hackney, Kit Miles, Timorous Beasties

....

作者: *Petra Ruta*
图片版权: *Kimpton de Witt Hotel 酒店*

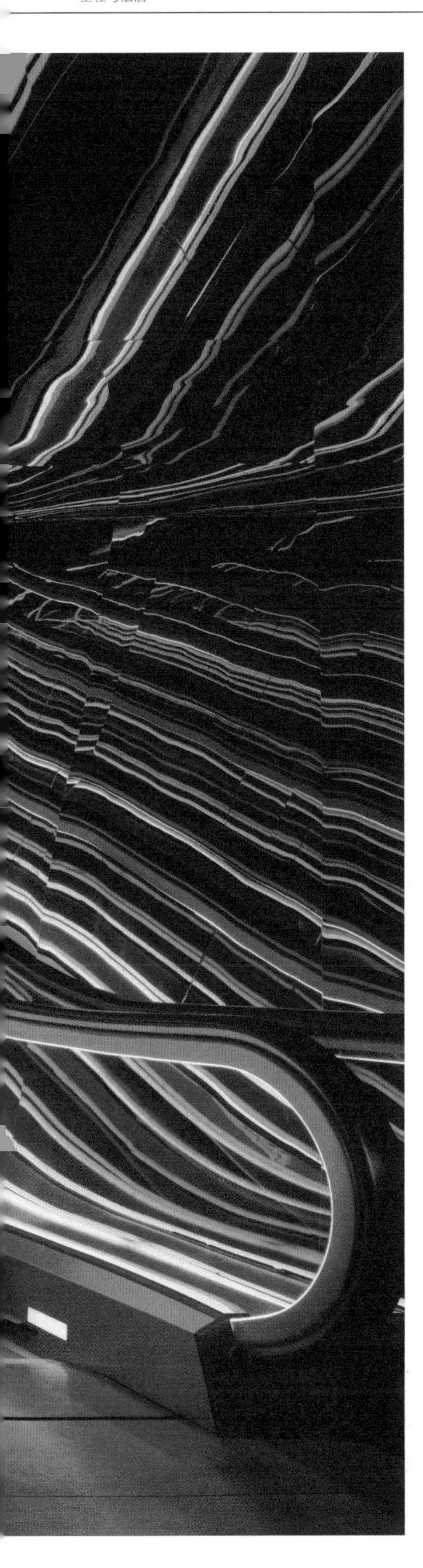

流行奢华的酒店

让酒店成为文化革命，这是对伊恩·施拉格的强烈热爱。他拥有旅行和休闲领域最具创新潮流的头脑，他现在回到了Public，一家以“包容性、非排他性”为口头禅的纽约酒店。

25年前，伊恩·施拉格首次在酒店业中掀起了冲击波，彻底改变了早已确立的趋势，打破了规则。现在，他回到了这个拥挤的领域，用指尖感应现代生活方式的脉搏，并着眼于新的需求。施拉格是一个激进的、有远见的酒店经营者，他发明了精品酒店的概念，他喜欢设定规则就如他喜欢打破规则一样。他的新酒店，纽约Public，只有一条规则：顶级奢侈。“我想建立一家符合我们生活环境的酒店”，他解释说，“反映我的品位和激情，但同时也囊括了大众文化的东西。”这种对奢侈品的民主态度是美国企业家的下一个大事件，他的新酒店Public——它的名字很有意义——围绕着四个关键概念：服务、风格、独特性和价值。施拉格希望他的客人体验到一种少有人能提供的、一种是用情感来衡量，而不是用商业和成本的语言来衡量的体验乐趣。为了实现这一点，施拉格彻底改变了提供服务和舒适性的方法（酒店的两个主要重点），以满足客人的真正需要。他补充说：“公众关心的是睡在舒适的床上，而不是床单上所用的线。”“他们关心第一时间喝到热乎优质的咖啡。他们不在乎从陶瓷杯里喝到它。”人与人之间的互动对于酒店来说是至关重要的——因此，施拉格聘请了一位公共顾问，他的工作是尽一切可能按照客人在家的方式迎合客人。当然，气氛也很重要，所以施拉格选择了一个令人惊叹的设计主题，就和他过去在酒店里一样委托给了菲利普·斯塔克。事实上，两个大牌设计师把他们的名字借给了Public：Herzog & de Meuron 和约翰帕森 。

最核心的原则是不要过度，事实上，要削减任何多余的东西。 这是一曲献给社区的颂歌，旨在聚集人群，将工作、娱乐、文化融为一体，其中的367间房满足了所有的舒适性需求，实用而不铺张。

其中的美学显然是经过仔细思考的，这一次，他们将要全面出击。它不是破旧的时尚、复古、工业、再生，更非另一个“布鲁克林区外观的建筑”。施拉格解释道“这仅是最复杂形式的简化”。“其风格是个性化的、令人振奋的、生气勃勃的，但仍保持着精炼和低调。你可以称之为“舒适而激进的时尚”——这是每一代人都感兴趣的东西。事实上，它不是关于炫耀，而是关于谨慎、诚实、信念、爱、激情的设计。这是一种可以立即识别的风格，散发着舒缓的氛围和家庭的感觉，令客人宾至如归。专业照明系统是舒适感觉的主题基础，按照各空间定制的合适照明系统和精心选择的油漆及家具一样重要。它能够融合组合中的个性样式，削弱突兀感。最核心的原则是不要过度，事实上，要削减任何多余的东西。这是一曲献给社区的颂歌，旨在聚集人群，将工作、娱乐、文化融为一体，其中的367间房满足了所有的舒适性需求，实用而不铺张。这些房间配备了Herzog & de Meuron设计、Molteni & C制作的人体工学床凳，而在浴室里则是Herzog & de Meuron设计、劳芬制作的石板台盆。Public聚焦于个人化的奢侈，直截了当，就像它背后的头脑一样直接。所见即所信。

所有者: Ian Schrager、Steve Witkoff和Ziel Feldman控制的实体
开发人员: 伊恩·施拉格 公司
概念、计划和创意总监: 伊恩·施拉格
酒店运营商: PUBLIC
建筑设计: Herzog & de Meuron
住宅室内设计建筑师: 约翰帕森
装饰: 床和Herzog & de Meuron 定制设计、Molteni&C制作的人体工学坐垫
浴室: Herzog & de Meuron设计、劳芬制造的水盆
Public 空间环境照明: 阿诺德·陈
客房和剧院照明: 儒勒·费舍尔/保罗·马兰士
Public 艺术特效照明: Core

········

作者 *Petra Ruta*
图片版权 *Nicholas Koenig*

“这仅是最复杂形式的简化。其风格是个性化的、令人振奋的、生气勃勃的，但仍保持着精炼和低调。”施拉格解释道。

马德里的巴黎风

一个成功的室内设计案例应该完美诠释出室内外之间的和谐关系，就如同位于马德里的索尼亚·里基尔（**Sonia Rykiel**）精品店，其独有的性感和精致与品牌特色完全融为一体。

所有者: 索尼亚·里基尔精品店
总承办商: Takk集团
室内设计: Vudafieri-Saverino 合伙人事务所
装饰: Takk集团, Thonet品牌、, Martino Gamper品牌
灯光: Viabizzuno, Santa&Cole

作者: *Francisco Marea*
图片版权: *Manolo Yllera*

正如法国著名设计师和作家索尼亚·里基尔（Sonia Rykiel）所言：“正是这位女士让这件衣服熠熠生辉，也就是说，主角是女人，并非穿在身上的衣服。”事实上，这也正是巴黎左岸（法国的时尚符号）一直推崇的创新时尚精神以及巴黎时装屋盛行的波西米亚风格的理念。索尼亚·里基尔于西班牙的第一家旗舰店选址在19世纪建筑林立的Calle Coello大街上，这里也是马德里著名的奢侈品购物街。Vudafieri-Saverino合伙人建筑事务所为其构思了全新的设计理念，该公司在米兰和上海分别设有分部，在时尚零售领域拥有多年的实践经验，与多家知名品牌合作，如比利时Delvaux、意大利Pucci、 意大利Tod's、巴黎Roger Vivie和意大利Moschino。这一项目的主要

目标是在165平方米的时装店内营造典型的巴黎咖啡馆氛围，摆脱正规沉闷的气氛，鼓励顾客自由选择服饰和打造自己的风格，这也是品牌一直遵循的创新方式。店铺外观白色的背光标识与闪亮的黑色遮盖物形成鲜明的对比，织物窗帘则为黑色图案营造了奶油色的背景，带来截然不同的效果。沿墙壁两侧摆放着高达天花的书架，上面摆满了法国伽利玛出版社（Gallimard）的书籍收藏，两个拱形门廊构成了店内的标志性元素。亮丽而感性的大红色赋予了整个店铺的强烈的质感，就如同抹在妇人手指上的指甲油一般。地面上铺有装饰着双色菱形图案的精致大理石板，顾客从这里穿过拱廊便可走到店铺的中央。这里陈列着几乎所有的商品，并设有沙龙，犹如一个现代风格的闺房——琥珀色的真皮沙发、定制的坐垫、蓝色天鹅绒窗帘，加上Santa&Cole枝形吊灯装饰，让人眼前一亮。在试衣间里，柔软的珍珠灰色地毯巧妙地吸纳了高跟鞋的声音，独特的色彩与墙壁上中性色的装饰画及深灰色的天花相映成趣。此外，时尚的金属色饰面——淡金色缎面和黑色铬合金与粗糙的木材形成鲜明的对比。店内的家具，如玻璃金属网格衣架，和俏皮时尚的饰品，如打印在纸上的彩色书架等全部是定制的。服饰陈列区和试衣间通过小酒馆风格的Thonet餐桌和Martino Gamper隔开。

VANS
TRIPLE CROWN OF SURFING
VANS
STEVE VAN DOREN
VAN DOREN

潮人的工作好去处

Rapt Studio是设计灵活创意环境的理想合作伙伴，能够体现万斯（Vans）的产品定位和其在街头服饰和极限运动空间的演变。

万斯（Vans）是与20世纪70、80年代的南加州著名的滑板文化联系最紧密的品牌。万斯（Vans）的棋盘格经典鞋“Off the Wall”有着阳光、棕榈树和太平洋元素，但该公司还在不断开发其产品线、研发新技术、加强整体风格感。2017年6月，这家拥有52年历史的公司的500多名员工搬进了位于加利福尼亚州奥兰治县科斯塔梅萨镇的新总部。（保罗·万·多伦和吉米·万·多伦与合伙人戈登·李（Gordon Lee）和迪莉娅（Serge Delia）在附近的阿纳海姆（Anaheim）创立了Van Doren橡胶公司。）这是一个庞大的建筑群，占地面积约为16,908平方米，室内面积超过56，656平方米。便利设施包括一个全尺寸模拟零售空间，以在现实世界中展示万斯（Vans）产品，还有图书馆以及五个展示现有产品和开发中商品的展厅。员工可以使用内部健身中心和餐饮场所，包括工作日的全天候咖啡屋以及可以播放音乐的“jam room”。二楼声学设计的“圆顶”可以隔离任何音乐或较大的声音，不会打扰附近的其他员工。Rapt Studio以其领先的创新技术和媒体公司的品牌推广和设计工作而闻名，从万斯（Vans）历史的各个方面和品牌的氛围中汲取灵感。

更令人惊喜的是，由于采用耐用的混凝土地板，允许甚至鼓励员工在整个工作空间使用滑板

总承办商: 霍华德建筑公司
建筑设计 / 室内设计: Rapt Studio
景观设计: 加州景观与设计
装饰: 亚力山大&威利斯 (Alexander & Willis), 人类学 (Anthropologie), 阿卡迪亚 (Arcadia), 克拉斯 (Coalesse), DWR, 以爱之名 (Form Us With Love), 大急流城椅子公司 (Grand Rapids Chair Co.), 格斯现代 (Gus Modern), 赫曼米勒 (Herman Miller), 高塔 (Hightower), 诺迪 (Naughtone), 尼坎普 (Nienkamper), 硬件修复 (Restoration Hardware), 罗杰和克里斯 (Roger and Chris), 坐在这里 (Sit On It), 维特拉 (Vitra), 西部榆树 (West Elm)
灯光: 角羚 (Anglepoise), 谷仓照明 (Barn Lighting), 布兰登拉文希尔 (Brendan Ravenhill), 卡斯特照明 (Castor Lighting), 雪松和苔藓 (Cedar and Moss), 朱诺 (Juno), 卢米尼 (Luminii), 氧气照明 (Oxygen Lighting), 光谱照明 (Spectrum Lighting), 科技照明 (Tech Lighting)
织物: 法布卡特 (Fabricut), 触针 (Stylex)
地板: 肖 (Shaw), 界面 (Interface)

••••••••

作者: *Jessica Ritz*
图片版权: *Eric Laignel*

VANS

会议室以与万斯(Vans)有关联的著名运动员命名，还有加利福尼亚滑冰和冲浪文化的其他创意点；接待区域被以当地著名Spot命名为Belmont Ledges，例如，加利福尼亚州长滩的著名滑冰场。延续加州设计传统的其他细节包括雷（Ray）和查尔斯爱马仕(Charles Eames)的经典座椅，墙壁上印有原创壁画和街头艺术品。建筑立面上有着万斯（Vans）独特的黑白棋盘格图案，鲜红色的楼梯与黑白图案形成鲜明对比。该建筑优先考虑室内外流动性，以鼓励员工能够使用户外工作站，享受加州的阳光。前瞻性的设计理念和特定功能包括Waffle Works创意室，这里将会成为定制设计的中心区域。为了达到LEED白金认证目标，万斯（Vans）总部安装有4,000多块太阳能电池板，38个电动汽车充电站，以及其中的节水装置和技术。太阳能电池板能够为整个大楼提供所需电力的90%以上。更令人惊喜的是，由于采用耐用的混凝土地板，允许甚至鼓励员工在整个工作空间使用滑板。

二楼声学设计的“圆顶”可以隔离任何音乐或较大的声音，不会打扰附近的其他员工。

这是“哥本哈根岛屿”项目的第一步，届时我们会看到一系列岛屿漂浮在整座城市上，将生命和活力带回到前工业区。

© Marshall Blecher

XYZ休息室位于一个交叉口，是Zebrastraat会议中心来访者交流意见的空间，是对"快乐源自物质"的当代理念的质疑。

© Felipe Ribon

城中村是一个中国特色的“贫民窟”。建筑师希望通过这个设计打破城市和村庄之间的无形限制。

© CreatAR Images · Ai Qing

享受过程

设计和接受新挑战的纯粹乐趣。
国际室内设计界最佳搭档访谈。

自20世纪80年代初期以来，**乔治·亚布**（George Yabu）和**格伦·普谢尔伯格**(Glenn Pushelberg)的职业道路就一马平川，从多伦多瑞尔森大学毕业开始工作时共享一个空间，到拥有加拿大和美国两个设计工作室。一直以来，他们之间的热情都在激励着他们不断前进，包括对工作的热情和期待设计带来的持续挑战，这在与二人交谈时显而易见。作为在零售和酒店业界享有全球知名度且多次获奖的室内设计师，他们在开发酒店、住宅和商店项目时采用整体论方法，以实现情感质量和全方位理念的平衡，从而使设施保持现代风格，永不屈服于潮流。仅在2017年，两人设计的已经开业或即将开业的七家酒店包括：曼谷柏悦、拉斯维加斯Alcobas圣赫勒拿纳帕谷、迪拜总督、科威特四季、纽约时代广场以及两个莫西酒店。

作者: Alessandra Bergamini
肖像图片: Shayan Asgharnia
项目图片: Scott Frances (Four Seasons Downtown), Alice Gao (Las Alcobas), Park Hyatt Bangkok, courtesy of Park Hyatt

您还记得你们的专业合作是怎样开始的吗？

格伦·普谢尔伯格

我们很享受工作，我们一直都是为了纯粹的满足感而设计的，我们将我们的理念用于各类设计，无论是鞋店还是干洗店，都可以让我们充分享受设计过程。不久后，我们努力开展更好的项目。

乔治·亚布

利润不是我们的首要任务，我们希望尽力而为。这似乎很幼稚，但我们的设计理念是基于激情和设计的多种可能性。以前影印店还存在的时候，我们还设计了一个影印店，应该是有史以来最成功和最漂亮的影印店。

您在酒店业的第一次体验是什么？

乔治·亚布

这对我们来说是一次幸运和真正的挑战，非常刺激，虽然我们有点迷失方向，因为我们同时设计两个不同的酒店，只有57间客房的东京四季酒店，以及设有500间客房的时代广场W酒店。困难的是这两家酒店预算是相同的，而W酒店的客户告诉我们，我们有一年的时间来完成。最终我们在15个月内完成了，因为2001年9月11日的袭击事件使我们晚了三个月。

格伦·普谢尔伯格

我们花了三年时间才完成东京的四季酒店。但是，通过这种方式，我们学到了很多东西。

首次体验为酒店经营者设计带来了哪些变化？

格伦·普谢尔伯格

多年来，我们一直为奢侈品牌工作，如具有鲜明特色的四季酒店、柏悦酒店，但我认为在过去的五年里，该行业已经变得支离破碎，以迎合特定类型的客户群。很多事情正在发生变化，但我们依旧设计酒店，因为每一项新任务都是一次挑战，随着特定客户日益增加的具体定义的目标，需要特定的设计解决方案，每次使用不同的方法来吸引一个明确的目标。我们相信这就是酒店业的未来。例如，我们正在为Equinox工作，这是一家健身中心品牌，现在想要开设一家酒店（编者注：纽约，哈德逊园Hudson Yards，预计将于2019年开业），这将响应其客户的生活方式。当我们拿下这个项目时，我们意识到专注于特定的客户群是有意义的。这些客户即使在旅行时，也希望做运动并保持健康的生活方式。Moxy的两个项目是另一个例子，一种“入门酒店品牌”（编者注：在纽约，一个新的马里奥特Marriot集团品牌），在12平方米的房间，我们设计了壁挂式家具，如果实际需要，随时可以使用。

哪些项目让您有更大的实验自由？

格伦·普谢尔伯格

酒店业中，度假村能给予设计师最大的自由度。我们正在西西里岛和黑山开展项目，这些项目需要对文化、建筑和当地历史进行广泛研究，以创造符合环境的现代风格，能够通过给予新的东西来提升客户体验。零售业也可以进行尝试；但是，很难找到愿意创新的客户。人们正在改变他们对“为什么要购物？”的看法。我购物是因为有趣、独特，并非所有零售商都明白这一点，所以我们致力于做更多的零售并找到合适的客户。

四季酒店 | 纽约

拉斯阿尔科巴斯酒店 | 纳帕谷 | 加利福尼亚

你经常与奢侈品这个词联系在一起，奢侈品对你意味着什么？

乔治·亚布

根据最新的奢侈品协会报告，我们现在处于后奢侈时代。人们渴望拥有一种奢华和独特的水平，并不是每个人都能够达到，但也有一种轻松奢侈的想法：你想要得到，但它的奢华不太明显，可能少一点光泽，不那么闪耀，我认为这是人们正在寻找的。

格伦·普谢尔伯格

我们在黑山有一个度假项目，对我来说这就是那种奢侈品。它既奢华又与奢华无关。例如，房间陈设是无光泽的、粗糙的、暗黑色调的，感觉不到是精心制造的，但又感觉很豪华，但事实并非如此。我们使用了macramé，这是该地区文化的一部分，取之于山。对我而言，就像通过使用原始材料或不同技术，将这个地方的特征，或者将空间的奢华所感受到的品质感融合在一起。

你的室内设计很有名。但室内设计与它的建筑之间的关系是什么？

乔治・亚布

在酒店业，酒店的体验比建筑的外观更重要，实际上有时内部往往会重新定义外观，通常我们需要在不符合酒店体验时修改建筑。

格伦・普谢尔伯格

在我们的一个度假村项目中，这座建筑是全新的，拥有极其简洁的线条，大窗户、漆门，但我们想要改变入口区域，以创造一种回家的感觉，赋予它更多的生命力，而不仅仅是一座商业建筑。在内部，我们使用当地的工匠技术、地域风格，屏幕在大堂的自然光线下播放，在地板上反射放映，以创建一个非实物的地毯。在酒店业中，你需要捕捉情感品质，要对一些东西保持敏感度，比起智慧，更需要投入的是情感。

乔治・亚布

我们认为我们的理念更全面、更完整、更有影响力。您在酒店体验开始时给客户的信息是什么？也许这就是我们很多项目持续很长时间的原因。

事实上，我正要问，您的室内设计为什么几乎不会过时。

格伦・普谢尔伯格

我们对流行趋势不感兴趣，但我们有兴趣创造一个观点，我们意识到酒店没有砝码，我们正在我们的项目中寻找的平衡，既具有独特性，生命力又持久。然而，与10年前不同，我们认为一个酒店必须拥有“更多层次，更多时刻”，远远超过过去。

您与客户的关系是怎样的？

乔治・亚布

客户是酒店老板，但也有其他相关方，如酒店品牌经营者，有时无法达成一致。这是一个棘手的关系。品牌建议酒店必须如何，开发商或所有者又控制预算，当你设法使双方都满意时，项目才是成功的。

格伦・普谢尔伯格

对我们设计师来说重要的是“引领和倾听”。例如，对于合并品牌，五星级，如四季酒店，我们认为他们必须考虑未来的客户，因为酒店需要5到10年才能完成。我们试图使这个过程客观化，我们挑战客户，有时候长时间打这场战斗。挑战在于争取我们认为正确的答案，然后在我们认为其他人有更好的答案时放弃。

柏悦酒店 | 曼谷

by Bellotti Ezio

Design by Giovanni Luca Ferreri

Photography by Galvani & Tremolada

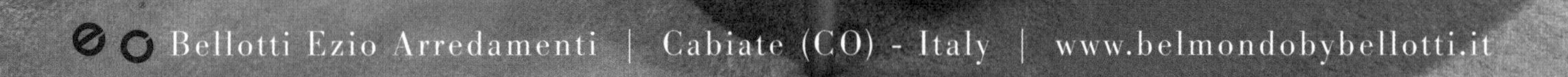

炼金术士工作室

引人入胜的超现实氛围，如同在电影中遨游。澳大利亚的Jackalope，不仅仅是一家酒店，更是一种体验。

这个精品酒店的名字非常醒目。“Jackalope”是一种虚构的动物，它的名字和外表是大白兔和羚羊的结合体，最终结合成了角兔。传说中，这些害羞、难以捉摸的动物可以完美地模仿人类的声音。在酒店入口处，一座当地艺术家艾米丽·弗洛伊德创作的令人印象深刻的7米高雕塑迎接着八方来宾。房间、餐厅和酒吧的名字也包含了隐藏在这栋建筑中的传奇生物主题。这仅仅是自2006年搬去墨尔本研究电影摄影的承办人路易斯·李设计概念的开端。他的想法是通过酒店设计，而非电影来表达他的创造力。这家酒店于2017年4月开业，离墨尔本只有一小时的车程，位于风景秀丽的葡萄酒产区莫宁顿半岛。路易斯·李的目的是为苛刻的客人提供一间高端酒店，让他们可以在这个酒店体验到艺术、设计、美食和葡萄酒以及历史。李的“产品”是与Carr设计集团公司的建筑设计、Fabio Ongarato设计公司的品牌形象以及澳大利亚家具公司Zuster共同写作的成果。其成果是一栋拥有大胆轮廓、暗色锌顶、碳化木材和金属细节的精致可持续的建筑，在专门定制的艺术品、家具和设施的映衬下更是熠熠生辉。

酒店内部有46间卧室、两个餐厅（Doot Doot Doot和Rare Hare），设计让人联想到大卫·林奇某部电影的Frangdot酒吧，和一个30米的无边游泳池，这些设施围绕着葡萄园延伸到地平线。酒店入口是一座连接了历史建筑和当代建筑的凉亭。休息区和酒吧是精心复原的18世纪小屋原型。内饰营造出黑暗神秘的气氛，衬在内壁的管道、蒸馏炉和玻璃罐让人想起炼金术士的实验室，还配备了大理石柜台和精美的物件，如埃德拉黄金皮革扶手椅和电动蓝色台球桌。 酒店全部采用明亮的LED灯管照明，在天花板上形成了复杂的电路。Doot Doot Doot餐厅也有炼金术士主题：Carr & Fabio Ongarato设计公司建造、扬·弗卢克设计的由无尽的气泡组成，最后形成一朵灯泡云的壮观的天花板装置。由Projects of Imagination 设计的酒庄餐厅Rare Hare拥有宽大的窗户，为客人提供真正身临其境的“葡萄酒体验”。卧室面积从38平方米（阳台房）到85平方米（Lairs房）不等，包含金色、银色、铜和青铜色调，有全高度落地窗，让客人融入周围的自然环境中。浴室内装有深黑色的日本浴缸和雨水淋浴，配备了用酒店葡萄园的葡萄制作而成的Hunter Lab美容产品。在无边泳池可以俯瞰周围的葡萄园和休憩凉亭，还能尽览日光浴室和治疗和按摩区或私人晚餐区。

所有者: 路易斯.李
开发人员: JKLP 集团
建筑设计: 卡尔设计集团
室内设计: Fabio Ongarato 设计
景观设计: Taylor Cullity Lethlean
合作的独家室内家具: Zuster, Edra
艺术家: 艾米丽·弗洛伊德（7米的Jackalope 雕塑），扬·弗卢克（在Doot Doot Doot的10000个灯泡吊灯）、安德鲁·哈泽温克尔（9面玛瑙胸像雕塑）

········

作者: *Agatha Kari*
图片版权: *Sharyn Cairns*

精神圣地的诱惑

特拉维夫酒店（The Setai Tel Aviv）尊重古城雅法（Jaffa）丰富的历史，同时在经过修复的奥斯曼土耳其 Kishle（英国统治巴勒斯坦期间关押反对英国政府的犹太人的监狱）展示兼容的当代设计。

以色列作为一个精神、文化和历史圣地的诱惑始终是强大的。现在，更多游客选择高端的酒店，越来越多的酒店吸引着热爱圣地旅行的设计爱好者。其中最突出的是特拉维夫酒店（Setai Tel Aviv），它于今年4月在古老的港口城市雅法开业，紧邻现代以色列城市的南部。

"Jaffa Kishle"（土耳其语为"监狱"）是奥斯曼监狱和警察建筑的历史综合体，被改造成120间面向地中海的客房和套房。雅法的建筑师Eyal Ziv和伦敦的Ara Design开展该项目大约有25年了。特拉维夫酒店是以色列首个世界指定的领先酒店，也是迈阿密成立的酒店集团在该国的第二家酒店。Setai Sea of Galilee于2017年首次亮相，目前正在建造47个新的独立别墅，包括私人花园和无边泳池。

特拉维夫酒店的120间客房和套房均由Ara Design设计，拥有土耳其风格的色调和纹理，包括手工编织的土耳其地毯以及胡桃木家具，以及原始结构的改造石材。

整个大院的大量挖掘工作是规划、设计和施工过程的一部分，涉及五座建筑物，这些建筑物最近被作为以色列警察局使用。与该遗址的起源有关的文物可以追溯到十字军东征和奥斯曼帝国，包括出土的武器和12世纪的硬币，目前正在特拉维夫酒店公开展出。为了确保合规，以色列古物管理局、以色列保护协会和Feigin建筑师事务所与保护建筑师Ziv密切合作。特拉维夫酒店的120间客房和套房均由Ara Design设计，拥有土耳其风格的色调和纹理，包括手工编织的土耳其地毯和胡桃木家具，以及原始结构的改造石材。室内庭院保留了该地区的建筑遗产、材料和传统的循环模式。屋顶无边泳池可以领略广阔的地中海风光，增添了现代魅力和奢华的元素。酒店还能看到地标雅法钟楼。客人和游客可以在JAYA餐厅和特拉维夫酒吧享用饮品和餐食。酒店的下层包括四间宴会厅和会议室，一间带土耳其浴室的水疗中心和七间护理室以及健身房和沙龙。

所有者/开发商: 纳卡什控股 (Nakash Holdings)
酒店经营者: 纳卡什控股 (Nakash Holdings)
建筑: 埃亚尔齐夫 (Eyal Ziv)
室内设计: 阿拉设计 (Ara Design)
家具: 联合座椅有限公司 (United Seats)
照明: Kimchi 照明
浴室: 联合座椅有限公司 (United Seats)

***作者**: 杰西卡丽兹 (Jessica Ritz)*
***照片来源**: 阿萨夫平丘克 (Assaf Pinchuk)*

特拉维夫酒店是以色列首个世界指定的领先酒店，也是迈阿密成立的酒店集团在该国的第二家酒店

宝格丽酒店：上海的一枚新宝石

仿如高级珠宝一样珍罕，全新的北京宝格丽酒店在建筑师Antonio Citterio Patricia Viel精心构思下，变换成一个极具吸引力的场景布置，将大自然、现代设计和建筑遗产完美融合一起。

奢华生活方式的全新视角包围着这个宝格丽酒店和度假村品牌的每一个细节。在上海，这个走在潮流前沿的建筑项目将苏河湾区域变成一个标志性的地标，而建于1916年，经历了历史沧桑的上海总商会大楼，在建筑师Antonio Citterio Patricia Viel与UDG联创国际旗下的都市再生研究部OUR(Office for Urban Renewal)联手合作下，经过了整修与翻新，而另一座雄距闻名的上海外滩，拥有48楼层的全新大楼灿烂夺目，经过倾力创造的宝格丽酒店便位于这里。它具备特殊的瑰丽气质，拥有82间高级客房，19间为奢华套房，其中包括一间400平方米的宝格丽套房，而宝格丽住宅就是位于全新酒店大楼的低层，四周被意式私人豪华花园环抱。这枚酒店界新宝石精致的建筑外观和室内设计由Antonio Citterio Patricia Viel建筑事务所倾力打造，

BVLGARI

将这个高级珠宝品牌的遗产转变成为一个精致细腻的高贵作品。沉浸于前上海总商会大楼原有的新经典风格，马赛克地板上呈现的花瓣图案，成了上海宝格丽酒店的一个新标记，大楼内设有一间占地面积达500平方米的宴会厅，一间优雅的威士忌酒吧，以及二楼的宝丽轩高级中餐厅，笼罩着昔日的装饰元素，重焕出大上海过去的辉煌时光。丝绸壁纸和有涂料饰面的镶板，与Maxalto品牌的定制椅子和Flos品牌的艺术灯饰互相搭配，呈现大上海文化和大上海的显赫过往。古老的中式马赛克装饰和格子天花由多条立柱支撑，华丽的大吊灯由多个挂有灯罩的同心圆组成，叫人想起壮观的罗马宫殿。带有古旧气氛的大楼里有宝格丽水疗中心，占地2000平方米，设有由支柱环绕的恒温游泳池，仿照古罗马浴场，La Mer和Amala

所有者: Bulgari Hotels & Resorts
开发人员: OCT Overseas Chinese Town
酒店营运集团: 宝格丽酒店和度假村
建筑和室内设计:
Antonio Citterio Patricia Viel
上海总商会(1916): 由Antonio Citterio Patricia Viel与UDG联创国际旗下的都市再生研究部OUR (Office for Urban Renewal)联手进行整修与翻新
家具产品: B&B Italia, Maxalto, Flexform, Devialet Speakers
灯饰: Flos
纺织品: Enzo degli Angiuoni
合作品牌: Maserati, Momo Bike, Berluti, Technogym weights, Master and Dynamic, La Mer, Amala, Devialet

作者: *Anna Casotti*
图片来源: *courtesy of Bulgari Hotels & Resorts*

美容护理从古代东方医学中获得灵感，豪华套房内有私人桑拿浴室。顶层酒吧Terrazza，是一个灵感来自意式风格和苏河湾景观的都市绿洲。位于47层的II Ristorante由米其林星级餐厅名厨Niko Romito主理，还设有中国首间的宝格丽巧克力专卖店，条纹状的马赛克墙砖勾起了对宝格丽品牌在20世纪20年代首个印刷广告的回忆。II Bar的椭圆形吧台将罗马象征之一的巴卡奇亚喷泉(Fontana della Barcaccia)重新演绎过来，这个标志性的设计风格采用饰有手工锤纹的青铜金属制成，并以有镜面效果的钢材饰面，呈现品牌的尊贵气派。述说着意大利文化的装饰元素，从古罗马时代、米开朗琪罗作品尊贵的外形和气质独到的艺术作品中获取灵感，精妙地构造出这间全新的上海宝格丽酒店。彰显其力求卓越的激情。

建筑瑰宝

独特的Muraba住宅屹立在迪拜棕榈岛上，拥有诱人的视野，可饱览海滩全景。这栋西班牙建筑师RCR建造的豪华现代公寓建筑的样式最近在国际上获得了最重要的认可。

标志性的帆船饭店构成了视觉焦点。迪拜的天际线围绕着它延伸到波斯湾的远方。近期启用的优雅的Muraba住宅，在棕榈岛上升起，就像绘画主题一样，处于独特的全景图像的中心。其内涵的纯粹力量不仅来源于它的位置，还来自其三名RCR建筑师——拉斐尔·阿兰达、卡梅·皮格姆、拉蒙·维拉尔塔——普利茨克建筑奖得主设计的建筑。Muraba住宅的开发者和创立者易卜拉欣·阿勒古拉尔称“从一开始就很清楚RCR拥有我们所寻找的所有需求”。难怪他们获得如此殊荣。极简主义的结构表现出真正卓越的美学，并凸显本身成为天地之间的接触点。宣布与周围环境共生，是蓝色大海边明显有效的框架。Muraba住宅不仅景观上佳，而且也符合该地区的高端生活方式。在这里，豪华至高无上。一流的福利包括一个延伸至整个建筑长度的室外游泳池、最先进的健身器材、为男女保留的“活力池”、玻璃蒸汽室、“体验”淋浴器，24小时的安全和礼宾服务。

建筑设计 / 室内设计: RCR 建筑师
装饰: D Line, Gaggenau, Linvisibile, Living Divani, Rimadesio, Sky Frame, Valcucine
灯光: Lutron, Panzeri
浴室: Geberit, Kartell by Laufen, Lagares, Vola

作者: *Petra Ruta*
图片版权: *Muraba Properties 提供*

当然，我们拥有46间公寓和4间顶层公寓，每间都配备了顶级内部装饰，绝不忽视任何一个细节。充分尊重隐私，最大限度地关注室内和室外对话——是RCR的鲜明特色。事实上，每个顶层公寓都配备了私人电梯，宽敞的露台和私人阳台，无缝集成室外日常生活，同时也创造了平衡和安宁感。宽敞的内部空间保证了生活区和4、5间卧室之间过渡的流动性，厨房向用餐区开放，是款待客人的绝佳场所。家具选择中的连贯性和风格最为重要：易卜拉欣·阿勒古拉尔与最好的供应商合作完成。

这些供应商包括当地的工匠、建造了壮观的户外窗户面板的专业玻璃制造商、Sky Frame、滑轨和无框玻璃面板制造商、意大利Valcucine、Gaggenau电器、提供设备的Danish Vola的以及提供触控设备支持的Geberit。每一家的能力和职业素质都经过了精心挑选。Living Divani也通过生活区、卧室及露台的平衡设计与和谐比例做出了极大贡献，例如将皮埃尔·里梭尼设计的标志性 Neowall 和Extrasoft沙发与大尺寸Extrasoft垫脚软凳、马西莫·马里安尼的Box扶手椅和平板靠墙桌完美匹配。其他的作品包括：里梭尼设计的Extrasoft与Chemise床、罗·科伊维斯托设计的Avalon。最后，用一些Ile Club沙发床保证户外的舒适。

非洲奢侈酒店

在开普敦的The Silo酒店中，工业考古学、艺术和设计彼此共存。这家酒店拥有国际性，旨在通过Heatherwick工作室和Liz Biden的专注目光吸引全球的宾客。

在2017重新开业之前，The Silo已经储存了开普敦的小麦80余年，在南非的工农业发展中发挥了关键作用。在拜登家族运营的高端连锁酒店Royal Portfolio买下这栋建筑后，将其改建为The Silo酒店，并将下部打造成了令人惊叹的Zeitz非洲现代美术馆（MOCAA），拥有世界上最丰富的当代非洲艺术收藏。博物馆的存在总是会黯淡了上层酒店的天赋和创造力。事实上，The Silo展示了一系列成名的和新生的艺术家的作品，以及与私人画廊The Vault合作每六个月展示一次最具前途的非洲艺术新系列。拥有该地区政府背景的公司V&A Waterfront，以伦敦为总部，挑选了180名“问题解决者”组成团队，成立了赫斯维克工作室，成就了这栋建筑再生的非凡壮举。

设计师Liz Bilden在室内营造出柔和温馨的氛围，与粗野的建筑外观形成鲜明的对比。折中主义风格、国际化影响、当地艺术、工业风以及手工艺术在这里一一呈现。

THE ROYAL PORTFOLIO
THE SILO
HOTEL

所有者: V&A Waterfront
开发人员: V&A Waterfront和The Royal Portfolio
酒店运营商: The Royal Portfolio
建筑设计: 建筑外部——赫斯维克工作室
酒店的内饰——Rick Brown & Associates
室内设计: 利兹.拜登
装饰: 复古艺术品
Moorgas & Sons在 Silo酒店制作了一些家具
灯光: ADA 照明
浴室: Victorian Bathrooms

········

作者: *Petra Ruta*
图片版权: *The Royal Portfolio 供图*

该项目的重点是保存这一纪念性的工业结构的价值，通过原来的巨型窗口，将其带入新的发展阶段。窗户向外突出，成了水泥结构的完美配重。这带来了令人震惊的视觉效果，尤其在夜幕降临时，夕阳洒在建筑上再反射出去，令这座57米高建筑成了俯瞰城市的灯塔。“我们感兴趣的是设计出有灵魂并蕴含现实生活之复杂性的建筑，”托马斯·赫斯维克解释说。“因此，我们将人类经验，而不是抽象的设计理念作为出发点。”Royal Portfolio的所有者利兹·拜登亲自细致地监督了内部空间的每一个细节，包括公共区域和28间7种不同类别的房间，其中还有一间引人入胜的顶层公寓。她利用粗糙的建筑外观的与柔软、诱人的室内营造出强烈对比。这是一种来自于拜登广泛游历的兼具国际影响力的折中风格，混合了工业、手工和设计师风格以及丰富的本地艺术。“完成The Silo的内部物流并不容易，因为现有的货物升降机已经占用了两个巨大的竖井，更不用说每层的方形空间了。这是一个真正的挑战，“她承认。不管怎样，她已经很好地解决了这个难题。我们从新老界限清晰的底层

大厅开始，在这里，工业特征与霍尔丹·马丁的当代吊灯、委托给乔迪·保尔森、弗朗西斯·古德曼的设计作品、莫哈·莫迪萨肯和阿西·帕特雷·拉格形成了鲜明对比。这个主题一直延伸至第六层接待区，原本用于分拣谷物的金属配件与怪异美妙的家具及色彩鲜艳的非洲艺术共存一室。没有什么能逃过拜登的眼睛，她用她的精致风格来挑选酒店里的每一件家具：床头柜上Ardmore Design的织物、一个当地社区的慈善项目中的The Potter工作室制作的独特陶瓷收藏品、本地公司Moorgas&Sons制作的柔软的意大利皮革、ADA照明制作的圆形烛台和不少于80个埃及手工制作的水晶烛台。“我们一直想在我们的城市开一家酒店”，拜登自豪地解释道。“The Silo是一个雄心勃勃的项目。”

Bisei（美星町）以两条穿行而过的河流命名，其意义为“美丽的星星”．茶室在波状起伏的地貌上摇摆，加上富有流动性的茶室内外关系，平静的，如同与银河共舞的潺潺流水。

© Fumio Araki

零浪费餐厅旨在探索循环经济理念，引入赫尔辛基Nolla餐厅推崇的食物理念，是北欧第一家零浪费餐厅。

www.giorgiocollection.it
Collection INFINITY

giorgio collection
LUXURY EXPERIENCE
MADE IN ITALY

这一项目专为一个免费应用程序而打造，旨在为客户服务。空间设计集趣味性和典雅性于一身，浅色定制水泥别具特色，四座椅子是对设计师Shiro Kuramata致敬。

设计之星——罗克韦尔 (ROCKWELL)

在过去的30多年里，来自纽约的建筑师大卫·罗克韦尔可以说是引领了服务行业设计的发展，重新谱写了酒店、餐厅，甚至是剧院的设计形式。在这里，他同IFDM编辑阿耶莎·汗（Ayesha Khan）探讨了最近完成的项目以及取得的经验教训。

罗克韦尔于1984年在纽约27街上成立了一家拥有20名员工的设计事务所。其早期项目包括寿司禅吧（Sushi Zen），他在那里设计了一个闪电形状吧台，还捐赠了一件艺术品。“我后来发现，他们没有钱购买比较重要的照明设备，所以我从朋友那里借钱完成了最终的项目”，他回忆说。“客户也了解作为设计师的我们所处的尴尬境地，照明设计对于设计师来说非常重要”，他继续微笑着说。如今，小的设计公司已经发展成为罗克韦尔集团，在马德里和上海都设有分部，拥有近250名员工。最近，他们在芝加哥完成了一个酒店项目，旨在向爱因斯坦和伟大的思想家和艺术家致敬（酒店大堂的巨型书架设计满足了很多人的好奇心），同时也是向洛杉矶市中心的加州中世纪现代艺术馆致敬。

撰稿: Ayesha Khan
肖像图片: Brigitte Lacombe
项目图片: Emily Andrews (梦想好莱坞)
Michael Kleinberg (EMC2 酒店)
Warren Jagger (Magic Hour 时代广场屋顶酒吧和休息室)

酒店行业有一种新的设计趋势——一种精心制作而非炫耀的；低调但真正面对面时却让人惊讶的。为什么会出现这种转变？可以把它归咎于千禧一代的特性吗？或者技术的进步？

随着物质财富的积累，现代旅行者比较重视体验，这一点也反映到了酒店设计中。具体说来，如今，旅行者渴望获得根植于特定时间和地点的真实体验。Moxy正是这样的一个典范：它颂扬设计，强化功能，为客人定制个性化的体验。对于那些希望酒店提供有趣且连贯的体验的人而言，这里更加随意。罗克韦尔集团在纽约Moxy酒店内设计了三个主要的休闲区：Egghead，一个专门用于提供鸡蛋三明治外卖服务的小餐馆；LEGASEA，一家充满热情的航海风格海鲜餐厅，配有铜色装饰，釉面砖和巨大的天窗；Magic Hour屋顶酒吧和休息室，这是一个10,000平方英尺的成人露天活动场所，设有旋转木马风格的酒吧，精心修剪的花园和迷你高尔夫球场。

回顾一下你最难忘的设计项目之一，你能否讲述一个有趣的小故事，说明设计并不总是按计划进行？

虽然2009年奥斯卡颁奖典礼舞台设计不是我们工作室最早的项目之一，但这是我们有史以来第一次为奥斯卡颁奖典礼进行设计。这个活动都是闪耀的，所以我们觉得这个舞台需要一件非凡的珠宝。为此，我们构思设计了一款由92,000颗施华洛世奇水晶制成的新型舞台式窗帘。19名工人将水晶手工缝制成股线，并将其小心地钉在杜比剧院舞台上的钢铁和电缆框架上。这是一个艰苦的过程，但最终结果是打造了一个闪闪发光的，18.3米高、9.1米宽，耗资6000英镑的窗帘。窗帘本身已经很夺目了，但我们觉得还不够，所以加了两条“水晶腿”。直播开始前两天进行彩排，所有一切都顺利进行。当一群赤脚舞者走到“贫民窟的百万富翁”的舞台时，宝莱坞背景的幕布缓缓下降，然而在这个过程中，不小心碰倒了其中一条“水晶腿”，然后就看到散落在舞台中央一地的水晶球。当时，所有人都呆住了。我看到了舞者们惊恐的眼神在告诉我“他们不想再回到那个舞台了”。最后，就在一切定格时，广播里传来了“罗克韦尔先生，能请你到舞台上来吗”。

布景设计对您来说非常重要，特别是因为您自己的母亲就是一名表演者。谈谈您做过的一些最令人难忘的布景设计吗？

我是在新泽西州的社区剧院内长大，从小就喜欢建筑和创作。12岁时，我到纽约看了有生以来的第一部百老汇作品——由鲍里斯·阿伦森执导、杰罗姆·罗宾斯编舞的“屋顶上的小提琴手”。

像是听故事一样让我感到新奇。在那时候，我知道了原来环境是可以被控制和设计的。于是，我深深地喜欢上了设计。后来，大概在我少年时期，举家搬迁到了墨西哥瓜达拉拉哈拉，一个活力十足的城市，充满了丰富的色彩、奇怪的物体，让我感到兴奋而动力十足。这种感觉一直陪伴我至今。2000年，我第一次在百老汇为《洛基恐怖秀》做布景设计。2002年，这部剧的编舞杰瑞·米歇尔（Jerry Mitchell）将我推荐给导演杰克·奥布里恩（O'Brien），并为其执导的作品《发胶星梦》进行布景。随后，我为百老汇和其他30多部作品进行设计。其中，我最喜欢是音乐剧《她爱我》，我也为此获得了“Tony最佳布景设计奖”。这部剧的背景是发生在1930年的布达佩斯，经历了夏秋冬，两个经常争吵的同事Georg和Amalia最终陷入爱河。舞台的核心设计元素是一个珠宝盒，打开之后可以看到内部的华丽场景。

可以和我们谈谈罗克韦尔集团的智能实验室吗？为什么要做这个，现在取得了哪些成果？

在罗克韦尔集团，技术是对我们工作方式的补充，而不是改变。我们对制造情感和叙述故事感兴趣，同样，对在空间中融入成像技术也非常好奇。为此，2006年，我们成立了LAB实验室，最初就是为了做一些研究和开发。在维也纳双年展上，我们打造了一个名为“碎片大厅”的装置，在这里运用电影剪辑的方式创造全新的环境。实验室规模不断壮大，打造很多可以嵌入到空间中的装置以及独立的项目，包括拉斯维加斯大都会中的大堂和枝形吊灯酒吧、曼哈顿下城的季节性互动式公共照明装置、曼哈顿第三大道605号大厅可居住的“万花筒”、Hudson Yards体验中心（一个博物馆般的品牌画廊，打造一系列互动体验之旅）、MGM Cotai酒店的“眼镜”（一个两层的玻璃穹顶中庭，周围是零售商店和餐厅，为不同的展览和活动提供场所，在大型活动和多功能用途之间架设了一座桥梁）。

Moxy纽约时代广场酒店Magic Hour屋顶酒吧与休息室

梦想好莱坞酒店大堂和Goldking客房

您希望罗克韦尔集团为世界服务业项目设计领域带来哪些影响？也就是说，一些能够真正改变这一行业发展方式的事情。

我们坚信我们处理每一个项目的方式都是独一无二的。当然，我们也做了一些研究试图揭示客户、空间和背景之间的特有模式，从而来讲述一个完整的设计故事。我们也会在每个空间内制造惊喜、营造亲切氛围，巧妙运用技术，让其弥补设计和建筑自身的不足。我觉得罗克韦尔集团的作品能够被人们记忆深刻是其能够将人们联系在一起，能够让人发现不同的体验，而不仅仅是因为美感或者是某种设计方式。

您最想完成哪一个作品来实现自己的终极梦想？

我想在纽约大都汇歌剧院做一次布景设计。

简约的奢华气派

自然光、太阳和水。还有精致感和卓越品质。科莫湖希尔顿酒店(**Hilton Lake Como**)在建筑师Monica Limonta和Dario Cazzaniga 精心打造下，里里外外都能将优雅风范的全新准则表现得淋漓尽致。

不过分干扰四周的美丽事物是对设计风格的一个很明确的信息。也不能过分阻碍景观。反而要保留一份尊重，展现它的和谐感。这个设计方案是由建筑师Monica Limonta和Dario Cazzaniga以及Poliform Contract家具承包部为科莫湖希尔顿酒店精心打造。如此紧密合作的设计团队联手为这座酒店建筑的奢华享受制定全新准则。经过发展项目和已完成的改造工程，两座原有的建筑已合并成为一个散发时尚风格的建筑体，成为全新开业的科莫湖希尔顿酒店，它拥有策略位置，距离卢加诺(Lugano)只有30分钟车程，距离米兰有50分钟车程。进行改造工程期间，首先是加强它的大自然元素，以确保带来一个使人心旷神怡和轻松休闲的住宿体验，并能让宾客享受科莫湖的恬静气氛。

所有者: VICO (Limonta)
发展商/主要建筑承包商: Nessi & Majocchi
酒店运营商: 希尔顿
建筑设计: Dario Piero Cazzaniga, Monica Limonta
室内设计: Dario Piero Cazzaniga, Monica Limonta 与 Poliform Contract
装饰: Poliform Contract 家具承包部

作者: *Petra Ruta*

图片版权: *科莫湖希尔顿酒店 (Hilton Lake Como)*

首要的任务是要引进自然光。在酒店的公众空间，建造一个巨大的方形玻璃结构，为室内环境灌注阳光，这个阅读和聊天区有让人迷失于时空的能力。170间客房均设有私人的观湖阳台，当中的20间套房和一间总统套房采用全玻璃天花设计，带来更壮丽的景观。酒店拥有屋顶无边泳池、水疗按摩池以及日光浴区和宽敞的休憩室。至于酒店的室内空间，采用了鲜明亮丽的中性色调，搭配高档的物料如木材、石材、纺织面料和地毯，并饰以精致的细节如横向缝线和矜贵的饰面效果，呈现贵族气派。高雅的风格中流露简约的气息，对细节的处理亦一丝不苟。简约的外形，精致细腻，以及Poliform品牌的高档家具，都能突显不折不扣的高尚雅致气质。每件物料都为酒店量身定

制，从价值分析到挑选物料、控制品质和产品装置，均由Poliform Contract直接执行。Taffeta酒廊更变化多样，全能的结构为宾客带来日与夜两种不同的氛围；Satin餐厅亦引进崭新概念，让宾客与厨师互动以采用科莫湖的产物创作有个人化特色的佳肴。酒店提供一系列全面性的活动，其众多卓越的设施，包括餐厅、宴会厅、礼宾部、酒吧、水疗中心、会议室以及客房内的私人服务，让宾客能在酒店享受到多姿多彩的生活乐趣。欢迎您前来亲身体验。

170间客房均设有私人的观湖阳台，当中的20间套房和一间总统套房采用全玻璃天花设计，带来更壮丽的景观。

ISAIA

经典男装品牌Isaia入驻弗兰克·劳埃德·赖特（Frank Lloyd Wright）的旧金山标志性建筑

最初建于1948年的V. C. Morris礼品店，是弗兰克·劳埃德·赖特在加利福尼亚州北部的几个项目之一，几十年来一直有多个租户。2017年秋季以来迎来最新租户，Isaia男装，使这座历史建筑蓬荜生辉。

低调的砖立面及其系列同心拱形入口在旧金山市中心的少女湘140号（140 Maiden Lane）是一个标志性的结构。一系列内部斜坡体现出了赖特的风格，这种设计概念后来在纽约古根海姆博物馆体现得更为淋漓尽致，但在西海岸的规模较小。该建筑自2015年以来一直空置。这家典型的那不勒斯豪华男装公司试图将展示架和置物架与这座建筑融为一体，引起人们对建筑内部夸张和优雅曲线的关注和赞美。734平方米的空间内圆形开口和天花板安装的丙烯酸泡泡形照明完好无损。从油漆颜色到木饰面和照明，历史保护要求决定了许多细节。建筑团队由法拉利建筑（Ferrari Architetti）和罗切特建筑集团（Lochte Architectural Group）以及历史保护专家佩奇&特

恩布尔(Page&Turnbull)组成。当代美学干预和意大利现代主义的杰出典范贯穿始终。室内设计师阿尔伯塔·萨拉迪诺（Alberta Saladino）与那不勒斯的画廊埃斯普利特新酒（Esprit Nouveau）合作，寻找与Isaia审美身份和弗兰克·劳埃德·赖特（Frank Lloyd Wright）的原始视觉相融合的作品。"这很像恢复一件精美的艺术作品，并赋予它新的个性"，该公司第三代CEO Gianluca Isaia在一份声明中表示。家具包括印度马达维（Mahdavi）的Jelly Pea沙发，采用豪华的棉质天鹅绒纺织品，非常受欢迎的

保罗·布法拉（Paolo Buffa）中世纪椅子采用Isaia标志性鲜红色装饰，意品居（Illulian）定制地毯是室内设计师Saladino和建筑师Martino Ferrari的联合设计。 Barovier&Toso黄铜和穆拉诺玻璃落地灯的历史可追溯至1960年前后，进一步照亮了零售陈列室。客户和设计团队委托艺术家Michele Iodice创建一个名为“Fragments”的装置。除了遍布全球的商店外，该公司还在美国曼哈顿和比弗利山庄设有实体店，与其他Isaia精品店一致，旧金山商店设有复古的金巴利（Campari）酒吧和红漆钢琴。地下室层面不需要遵循历史保护设计指南，包括Isaia定制剪裁的专用空间。值得庆幸的是，这个令人喜爱的具有建筑意义的地方现在掌握在一个了解经典和永恒风格的品牌手中。

所有者: Isaia
建筑设计: 法拉利建筑 (Ferrari Architetti), 罗切特建筑集团 (Lochte Architectural Group, 当地建筑师), 佩奇&特恩布尔 (Page and Turnbull, 保护规划师)
室内设计: 阿尔伯塔·萨拉迪诺 (Alberta Saladino)
家具和照明: 埃斯普利特新酒 (Esprit Nouveau) 画廊的设计和意大利复古作品
地毯: 基于室内设计师阿尔伯塔萨拉迪诺 (Alberta Saladino) 和建筑师马蒂诺法拉利 (Martino Ferrari) 的设计，由意品居 (Illulian) 手工制作
雕塑: Michele Iodice

....

作者: *Jessica Ritz*
图片版权: *photo by Drew Alitzer, courtesy of ISAIA*

内部迸发的能量

丽思·卡尔顿（Ritz-Carlton）酒店的再设计灵感源自芝加哥城市精神的精髓，旨在唤起内部与外部的对话。这一项目由屡获殊荣的BAMO公司操刀完成。——佩特拉·鲁塔

全新的丽思·卡尔顿酒店被赋予了这座城市独有的活力与能量，其原有建筑始建于1976年，是芝加哥标志地区——水塔大厦开发计划中不可或缺的一部分。如今，酒店所有客房全部翻新完成，旨在通过产业创新性和前瞻性来巩固城市建筑遗产的重要性。这一概念的构思者是来自旧金山的BAMO公司——一家专门从事室内设计的公司，目的是为酒店注入最纯粹的城市精神。项目主管Billy Quimby 解释说："我们非常乐于赋予酒店强烈的归属感，所以最终将外部所有历史元素移入室内并深入到房间的每一个角落。"材料选择上坚持永恒的双向链接理念，其中最引人注目的便是将建筑外墙的灰色石材引入室内，用于铺设大堂地面和包裹12层的八根立柱。美国核桃木因其独特的竖向纹理而著称，选用这种材料旨在向室外的摩天大楼致敬。酒店内的每一处细节都致力于以最优雅的方式拥抱芝加哥的宏伟，并彰显其以奢华和古老构成的文化遗产美学。总经理Peter Simoncell强调说："酒店与城市结构及其历史密不可分，因此其必须提供高标准的服务。"大堂便是对这一理念的公开宣言——休息

室中央悬垂而下的飘波雕塑成了空间主角，其由捷克Lasvit公司使用四种水晶纯手工打造而成，以蓝色调为主，让人不禁想起沐浴着这座城市的密歇根湖。作品随着一天中时间的变化折射光芒。酒店处处可见现代主义设计理念的标志，如中世纪家具与永久性艺术收藏品的结合，其灵感源自附近的当代艺术博物馆。在那里，你可以欣赏到艺术大师们罗伊·利希滕斯坦(Roy Lichtenstein)、埃尔斯沃斯·凯利（Ellsworth Kelly）和马特·迪瓦恩（Matt Devine）的作品。所有434间客房（包括90间套房）都拥有最佳的布局、壮丽的景观和简约的设计。这一理念再次受到外部元素的启发，并赋予其现代风格。新建的水疗中心和健身房完全使用石头和胡桃木打造，实现了丽思·卡尔顿酒店一直所向往的城市绿洲。

客户/酒店经营者: 丽思・卡尔顿酒店公司
室内设计: BAMO 公司
装饰: B&B Italia, Casamilano Home, de Sede, Donghia, Gallotti and Radice, Global Allies, Holly Hunt, Janus et Cie, Jason Lees Design, JLF Collections, Kay Chesterfield, Nube, Restoration Hardware Contract
灯光: Donghia, Lasvit, Robert Abbey
织物: Casamance Paris, Rubelli Venezia, The Romo Group, Vescom

作者: *Petra Ruta*
图片版权: *Dave Burk*

隐私是神圣的

Bocage酒店，距离曼谷两个小时车程，可以眺望泰国湾，与当地的其他酒店完全不同，它完全隐藏在大型度假酒店中。相反，它围绕着隐私和专属提供亲密而精致的喜悦感，这是建筑师Duangrit Bunnag和管理公司Louis T Collection共同努力的成果。

我们都知道，要衡量一家酒店的质量，你必须检查它为客户提供的额外服务数量。然而，在高端市场，酒店服务的热情好客才是最本质的区别。它应该包含亲密——就像家的感觉。泰国建筑师Duangrit Bunnag和豪华酒店服务公司Louis T Collection认为，你的感受决定了你的住宿质量。Louis T Collection是Goz集团公司的一部分，Bocage酒店则是他们在泰国的第二家酒店。

该酒店于2017年初在华欣区开业，与周边地区大型、复杂的亚洲酒店形成鲜明对比，它选择了一种小型、柔软的方式。酒店最大的优点是简洁、真实、纯净。它是一个亲密的庇护所，但同时又是专属而精致的，

所有者: Bocage 华欣酒店
酒店运营商: Louis T Collection
建筑设计 / 室内设计: Duangrit Bunnag
装饰: Porro, Living Divani
浴室: Antoniolupi

....

作者: *Petra Ruta*
图片版权: *DBALP, courtesy of Louis T Collection*

在这里，隐私才是真正的吸引力。客人可以只通过智能手机就能进入他们的房间，避开了客房服务和个性化菜肴，让客人得以自行发现附近的咖啡馆和餐馆。对于希望探索周边地区的游客来说，本酒店与Star Flag合作，使用梅赛德斯-奔驰同级轿车提供转接和旅游服务。为了确保客人能够在无声的克制中得到真正的照顾，酒店只有六间面积在42到75平方米不等的客房，优雅开放的客房与令人印象深刻的海景小型套房互相交替。当然，隐私是绝对的。然而住在这里真正令人难忘的是纯粹典雅的室内装饰，这些都是知名的意大利品牌精心逐一打造的个性居室。其中最明显的是Porro，其实用的储藏室与房间无缝地融合在一起。它简单的结构和清晰的线条，呈现在暗色调的橡木纹理或更中性的铁杉灰的可见脉纹中。在生活区的中心是由皮埃尔·里梭尼设计的当代青铜风格的Ferro桌。一件标志性的Porro作品，它由被折叠并焊接成成品形状的金属板制成。卧室配备了Lissoni的Offshore床头柜，里面有抽屉和储藏箱，还有让·玛利·马索的织物装饰的Lipla 双人床。同时，Decoma设计的白色圆桌，在皮埃尔·里梭尼的Nev椅和克里斯托夫·皮耶的H形皮椅的围绕下，像一个曲线环绕的给人呵护的柔软外壳。内置抽屉的Modern书桌悬挂于墙板上，顺滑且多功能，可以作为书桌、封闭的储存单元和搁板使用。最后，风格突出、刀片腿的Modern长凳，构成了电视区域。提供沙发的Living Divani在泰国旅程中加入了Porro，Antoniolupi则提供了浴室装置和独立浴缸。这些意大利公司共同创造了低调奢华、远离尘嚣的生活底蕴，在这里，对舒适的一致追求将干净、简明的线条和实用而令人惊叹的现代设计完美的统一。欢迎光临Bocage酒店。

千面中央使馆

曼谷的**中央使馆**被一个连续结构连接在一起，将不同的地方、产品和人员汇集到一起。创新的零售店和创意空间位于较低楼层，供Open House项目使用，而柏悦酒店则供豪华招待会使用。

毫无疑问，曼谷是亚洲最吸引人和最为复杂的首都城市之一。它幅员辽阔，污染严重，又异常活跃。它不再仅仅是约瑟夫·康拉德在19世纪晚期的《Shadow-Line》中描述的那样“是从泥泞的河岸上的褐色土壤中冒出来的一座由竹子、垫子、树叶、植物风格的建筑组成的棕色房子”。今天的曼谷是一座拥挤的大都市，林立着高低不一的房屋，密不透风。热带气候将温度限制在可忍受的范围内，而密集的人口意味着很难创造露天空间。然而，相比于其他亚洲城市缺乏创意导致各种风格的大杂烩，至少到目前为止，曼谷新的建筑趋势都遵循着相似的模式。然而，这种类似的基本结构有一个例外：中央使馆。如此缠绕的巨大建筑将自己展现在了整个37层楼彩虹般的光辉中，虽然它是一个单体建筑，但是它更是一座混合用途设施。中央使馆内设有一座用于商业活动和创作的“领奖台”，它围绕着两根垂直轴盘旋上升，上部则与五星级柏悦酒店的花园、阳台相接。这一直延伸到塔尖，占据了整个建筑物的27层。这栋由英国建筑师阿曼达·莱维特设计的综合设施得名于它的历史，这里是英国前使馆所在地，位于城市的主要商业道路上。中央使馆的外观灵感来自泰国传统建筑的纹理和图案设计，但使用创新的数字投影技术是让它们与时俱进。该建筑有300000块三维铝截面，每一块拥有两个反射表面。这些铝截面的排列方式，使得整个建筑上的自然光和反射光形成一种波状光亮图案。

中央使馆的无数截面复杂的聚集在社交和商业的中心：Open House，这个名字意味着专注共享。前六层主推购物、创意和欢乐，并附带餐饮甲板、美食公园、西威莱城俱乐部、拥有精装书、共同思考空间、艺术塔、设计商店的Open House书店、露天操场和按AIS区域划分的巨型屏幕，它们一起占据了这6层4600平方米的空间。简而言之，这里有餐厅、酒吧、书店、儿童游戏区、标志性的零售空间和联合办公空间。Open House设计背后的科林・黛沙姆建筑工作室通过突出现代审美特征的极简主义风格创造了一个流畅的空间。随处可见的有机特征和植物，赋予了这些空间以人为本的家庭感觉（家具也有作用）。挑高天花板的房间朝向中央广场，主导性的白色在天花板的镜子前中断，9600片手绘树叶构成了令人惊叹的装饰。此外，每家餐厅都有巨大的图腾结构，它们在设计和木材使用方面各有不同，以反映餐厅的类型，并有助于掩盖管路和抽油烟机。

DAMN
GOOD
ADVICE

Yabu Pushelburg设计的柏悦酒店内饰通过对细节的高度关注，反映了这个建筑的剩余部分。干净、低调的设计与微妙、中性的颜色互相衬托，并在合成细节上只使用黑色。这222个房间（包括32个尊贵套房）的面积很大，都安装了落地窗，可以欣赏奈勒特公园的风景。从大厅可以进入接待区、酒吧和全景露台，其中配备了安东尼奥・奇特里奥为Flexform设计的Gusio扶手椅。此外，对于这个豪华美国连锁酒店而言，艺术一直占据着最重要的地位，所以公共区域放置了两件日本艺术家泽田广俊的装置艺术作品。这两件艺术品都悬挂在半空中，一件通过数百个微小的铜色圆锥形碎片在水面上重建了宝塔倒影，另一件则以光滑的长杆构建了神话中龙的轮廓。

所有者: 中央零售公司
酒店运营商: 柏悦酒店
建筑设计: 阿曼达・莱维特
记录建筑师: Pi 设计
室内设计: (Open House) 科林・黛沙姆建筑工作室,
(酒店) 雅布・普什贝格
装饰: (酒店) Flexform
灯光: Isometrix/Inverse
建筑承包商: Permasteelisa
品牌: Avokro

....

作者: *Antonella Mazzola*
图片版权: *AL_A Amanda Levete/Hufton+Crow, Park Hyatt Bangkok/courtesy of Park Hyatt, Yabu Pushelberg/Virgile Simon Bertrand, Open House/courtesy Central Embassy*

共生服务

新**阿克拉雷酒店**真正的魅力在于它与西班牙巴斯克海岸自然风光融为一体。得益于MeaNeSimo的设计，他一如既往地将材料作为工程的中心，使得陆地与海洋相得益彰。

阿克拉雷酒店为客人提供了尤为特殊的体验，他们可以一边享受静谧，一边凝视地平线，品尝这咸咸的空气，聆听风中的树木。他们也可以如当地野生动物一样，融入风景中，在绝对隐私下，尽情做自己的事情。简而言之，这是一个重新连接我们灵魂深处的机会。它坐落于圣塞巴斯蒂安的巴斯克海岸，是寻找平静的理想场所。这不仅是因为酒店的位置，还因为被称为Mecanismo的马德里设计师马尔塔・乌达逊和佩德罗・黎加的二人设计组合，他们成功地模糊了人类干预和自然之间的界限。Mecanismo始终坚持一个核心原则：即他们的作品应该尊重周围的环境和文化背景，但不能拘泥于此。事实上，Mecanismo方法的核心是创新，它围绕两个关键因素展开：选择最佳材料和关注细节。通过这种方式，两位设计师才得以与周围环境建立紧密的联系，使得他们的作品尽可能没有侵入性，同时有利于整合和共生。

所有者: 苏比哈那阿克拉雷酒店
酒店运营商: Marugal
建筑设计 / 室内设计: Mecanismo arquitectura
装饰: Artisan, De La Espada, Flexform, Gubi, Kettal, Mecanismo (自己设计), Poltrona Frau
灯光: Daisalux, iGuzzini, Mecanismo (自己的设计), Viabizzuno
浴室: Catalano, Ceadesign

• • • • • • • •

***作者**: Petra Ruta*
***图片版权**: Kike Palacio*

他们的设计工作室监督项目的每一个阶段，从开发到执行、系统开发、建筑工程和设计咨询，如此得到的建筑是协调、和谐、实用的。在这家酒店，可以眺望坎塔布里亚海，在令人叹为观止的露台上俯瞰海景，还能透过巨大的窗户凝视地平线，木材、金属和亚麻布的利用则是其室内设计方法的基础。该酒店由五块完美伪装的石块组成，它们从悬崖伸出，分为两层，共有22个房间。每个房间都能欣赏海景，不管它们的大小和类别，都有着相同的特点。位于酒店前方的六个瞭望点，绿荫环抱，成了户外休憩的绝佳场所。每一层都有一个木制部分，连接所有的公共区域，包括水疗中心、小吃店、酒窖和休息室。定制的家具及其独特的纹理，赋予了空间个性，经过细致研究的照明则保证了空间与光线之间的最佳联系（考虑了丰富的自然光）。最后，在新巴斯克美食天才之一的厨师Pedro Subjana的带领下，酒店里知名的三星级餐厅可以让客人们尽享美味。

漫步酒店 为丹佛历史悠久的河流北区注入了新的创意

这座拥有50间客房的酒店是由丹佛的JNS公司和洛杉矶的大道室内设计（Avenue Interior Design）共同打造，借鉴了该地区的工业历史和富有创意的现状，同时营造一个温馨迷人的环境。

科罗拉多州的丹佛市一直在寻求新的方式，以优雅的风格拥抱西部的崎岖。这一演变现今在漫步酒店(Ramble Hotel) 充分体现出来，该酒店于今年5月在以艺术为导向蓬勃发展的丹佛市河流北区（也称为“RiNo”）开业。大道室内设计（Avenue Interior Design）负责人安德里亚·德罗萨(Andrea DeRosa)和阿什利·曼汉(Ashley Manhan)精心设计了公共空间和客房，他们融合了新旧元素，将复古家具和配饰与定制的细节融为一体。来自进口商和零售商Lolo的复古地毯与巴黎品牌Khadi&Co引人注目的丝绒帷幔、定制的簇绒床头板和薄毯形成鲜明对比，突显出深沉的蓝色和忧郁的色调。其他家具来自丹佛的柯里公司(Currey&Company)、Arteriors和芬艺术公司（Fin Art Co.）等。Death & Co.是曼哈顿一家标志性酒吧，在推动正在进行的工艺鸡尾酒复兴方面

发挥了重要作用，它是这家独立经营的精品酒店的另一个重要吸引点。与漫步酒店（Ramble Hotel）的合作是该酒吧在纽约市东村以外的第一次扩建，而Death&Co则在鸡尾酒项目的所有元素方面发挥了重要作用——从大堂酒吧到仅有20个座位的私密包间休息室，以及客房服务菜单。漫步酒店的其他餐饮场所包括DC / AM日间咖啡厅、休闲花园以及由主厨达纳·罗德里格斯(Dana Rodriguez)亲自监督的受拉丁风格影响的超级大胃王（Super Mega Bien)。漫步酒店（Ramble Hotel）是河流北区的一个新文化中心，设有沃克斯豪尔（Vauxhall），这是一个现场表演场地，设有独立入口。特殊活动空间总面积为5,000平方英尺，约465平方米（室内加室外）。

漫步酒店（Ramble Hotel）的定位是借鉴和增加河流北区的创新社区精神，并以其艺术画廊、艺术家工作室、壁画、设计室以及精酿啤酒厂而著称。酒店的开发商和所有者瑞恩迪金斯（Ryan Diggins）通过他的格雷维塔斯开发集团（Gravitas Development Group）也建造了邻近的第二十五&拉里默（25th-&Larime）项目，该项目由重新改造的集装箱组成。此外，NINE dot ARTS的丹佛顾问和策展人挑选了当地艺术家的作品在整个漫步酒店（Ramble Hotel）展出，丹佛的工匠和艺术家们参与了制作的各个方面。设计团队在更远的地方寻找更多灵感，把目光转向了巴黎17世纪沙龙女主人拉姆布依尔夫人（Madame Rambouillet)这一历史人物，作为一种指导精神。

所有者/开发人员: 瑞恩迪金斯 (Ryan Diggins) / 格雷维塔斯开发集团 (Gravitas Development Group)
总承办商: 斯普朗结构 (Sprung Construction)
酒店运营商: 格雷维塔斯开发集团 (Gravitas Development Group)
架构: JNS
室内设计: 大道室内设计
照明设计: AE 设计
家具: 定制家具，丽丽杰克 (Lily Jack)，HAY，柯里公司 (Currey&Company)，Arteriors，创作 (Composition)，芬艺术公司 (Fin Art Co.)，加州最佳 (California's Finest)
照明: 道钉照明 (Spike Lighting)，黑暗之灯 (Shades of Light)，陶仓 (Pottery Barn)，柯里公司 (Currey & Company)，循环照明 (Circa Lighting)，校园电力 (School House Electric)，视觉舒适性 (Visual Comfort)，切尔索姆有限公司 (Chelsom Limited)，埃尔索 (El Sol)，道钉照明 (Spike Lighting)，阿里制造 (Allied Maker)，视觉舒适性 (Visual Comfort)
浴室: 所有浴室设施由水系统 (Waterworks) 提供，客房毛巾架和壁灯由校园电力&供应公司 (Schoolhouse Electric & Supply Company) 提供，镜子由镜像 (Mirror Image) 提供
面料: 穆尔与吉尔斯 (Moore & Giles)，虎皮 (Tiger Leather)，卡萨芒斯 (Casamance)，罗伯特艾伦 (Robert Allen)，福吉谷 (Valley Forge)，考夫曼合同 (P/Kaufmann Contract)，李乔法 (Lee Jofa)，莱利维尔巴黎 (Lelievre Paris)，奥普曾 (Opuzen)
地毯: 洛洛 (Lolo)
床上薄毯: 托普设计 (Topo Designs)
艺术顾问: 九点艺术 (NINE dot ARTS)
品牌推广: 马斯特工作室 (Studio Mast) 和AAmp 工作室 (适用于Death&Co)

········

作者: *Jessica Ritz*
图片版权: 亚当拉基 (*Adam Larkey*)，亚当里普林格 (*Adam Ripplinger*)，艾略特克拉克 (*Elliott Clark*)，特别鸣谢漫步酒店 (*Ramble Hotel*)

全新的Giannino餐厅，一个值得去的地方

一家拥有120年历史的意大利高级餐厅的翻新工程，旨在保留其原有的价值，同时注入国际化风格。

Giannino餐厅的翻新工程由意大利建筑事务所Spagnulo&Partners操刀完成，过程是复杂而精细的，但最后以简约流畅的姿态再次呈现在食客面前。作为这座举世闻名城市的地标，低调而内敛，但充满了创新。Federico Spagnulo同合作者拥有这方面项目的成功经验（如伦敦Baglioni酒店餐厅就是一个典型的例子）——传递历史价值，并实现改变。最终作品从建筑到室内都看不到任何细节留下的痕迹，旨在营造一个将商业功能与历史文化完美融合的环境。设计师选用非常时尚的方式诠释室内空间：Daniela核桃木木作采用柔和的框架和精致的拉丝黄铜浮雕装饰；不同房间墙壁结构和装饰不断变化，但都以20世纪早期的流行元素为主题，让人不禁想到荷兰风格派运动文化（Neoplastic De Stijl）。

这一项目可以看到米兰风格建筑的印迹：Giannino

居住的Via-Vittor-Pisani特有的门廊出现在了餐厅内；米兰私家博物馆内基·坎皮里奥别墅（Villa Necchi-Campiglio）楼梯上的栏杆被应用到墙壁上半部；壁灯（采用玻璃和黄铜打造）的造型源自Fausto Melotti，20世纪早期移民到米兰的雕塑大家的影响。总之，完整意义上的文化构成了整个项目的主要灵感，每一个墙角和每一处缝隙似乎都有故事要讲，同时又与现在和未来连通。这是进驻奢华与设计之都米兰众多著名餐厅的第一家店。

这一项目低调地展现了其被赋予的文化力量和当代魅力，是一个任何人都可以去参观的地方。这里为那些想要了解其背后故事的人提供了大量的图像素材，也让那些不曾感受过其故有辉煌的人备感好奇。

所有者: Fresco Cimmino
设计: Spagnulo & Partners
总承包商: Essequattro
织物: Dedar and Nobilis
灯光: LuceTu

作者: *Matteo De Bartolomeis*
图片版权: *Giorgio Baroni*

想要玩耍么？

中国杭州**麦尖青年艺术酒店**通过愉悦有趣的歌曲，营造出喜悦与惊奇的氛围，以此吸引客人，并令他们着迷。

跨入麦尖青年艺术酒店就是一种非常规的体验。这让人回忆起年少时，你常去同学家中，他们的卧室就变成了一个待人探索的神奇新世界。你不单单是进入了一家酒店，更是进入了一个一边用食指向你招手，一边向你眨眼的地方。不可避免地，你会立即忘记你身后的事物，所有心思都集中于酒店中的细节。这个入口也是极不寻常：它坐落在旅游业日渐发达、工业与地产业迅猛发展的中国杭州市的滨江区的一个购物中心内。这个酒店充满了煽动性、傲慢性与故意的欺骗性。但这不是烦扰客人，而是邀请他们参加“玩耍的游戏”，让他们成为幽默而优雅的主角。X+Living公司及其创始人李响给这个酒店带来了这种魔法般的氛围。创始人同时又是设计师，他乐于给客人带来快乐，在进门大厅用一个巨大的橙黄色“你好”欢迎客人。否则，以传统交流方式，游客一眼看透酒店中的一切，就像

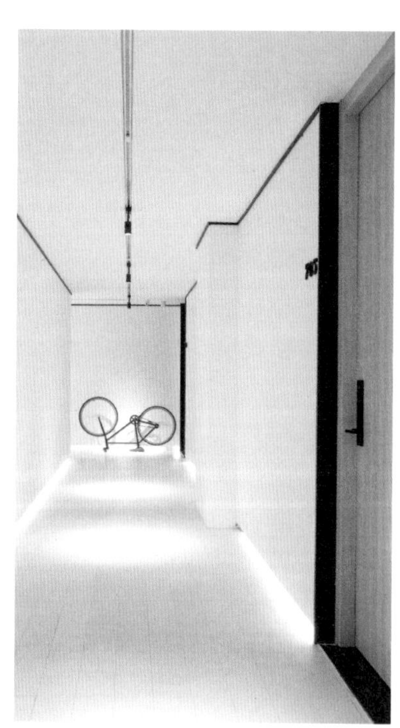

how is going today

所有者: 赵静
酒店运营商: 杭州麦尖酒店管理有限公司
室内设计: X+Living/李响
设计团队: 范陈、陈丹、吴凤、张晓、任丽娇
装饰: X+Living 设计定制
灯光: X+Living 设计定制

作者: *Petra Ruta*
图片版权: *Shao Feng*

欣赏图画一样。大厅很有条理，类似于一个工作室或起居室，厅内四壁均装有书橱，并设有放置定制沙发和座椅的玻璃凹室用于休闲，室内其余家具也均为公司定制；接待处沿着一凹室设计而成，其中置一陶瓷小狗，既能欢迎客人，又能通过其链条划出界线。在这房间里，设计师从中国跳棋中汲取灵感，设计了凳子并用世界地图装饰墙壁的巨大面板。走廊在美学上是"枯燥"的，但他们醒目的涂鸦和滑板形的天花板装饰品，让人想起了保龄球，达成了强烈的视觉冲击。 李响的目的是通过在每一层摆放钢琴，鼓励休闲活动，他解释说："这是一种异乡人之间的交流工具。"他还在卧室里放置了带有许多画布和画笔的画架。 设计师已将这些房间的家具精简，将衣橱、床、桌以及嵌入木头中的浴缸一道简化仅存基本功能，用一幅滑动图画完全盖住了电视，如此去繁就简，达到了涤荡心灵、安人心扉的效果。如果你想在酒店的咖啡店待上一段时间，你可以注视那些悬在灯下的伞兵小人继续做梦，因为李响相信"飞行是拥抱世界的最优雅的姿态"。

这个酒店充满了煽动性、傲慢性与故意的欺骗性。但这不是烦扰客人，而是邀请他们参加"玩耍的游戏"，让他们成为幽默而优雅的主角。

远离尘嚣

在市中心第57街标志性建筑中，豪华品牌酒店——**“四季酒店”**毗邻于特里贝克地区，酒店主要营造时尚、繁华市中心气氛的公寓氛围，并邀请乔治·亚布（George Yabu）和格伦·普谢尔伯格（Glenn Pushelberg）的设计搭档来共同打造。

乔治·亚布（George Yabu）说：“我们打破了经典的罗伯特·斯特恩传统建筑风格，因为我们认为，设计应该更加追求现代化，以及完美的衬托。”他的搭档格伦·普谢尔伯格（Glenn Pushelberg）补充道：“这次是一个关于打造市中心商业区的设计。我们认为，市中心的客户是更倾向于年轻化的专业人士，例如银行家，而住宅区则是主要面向更加成熟及老客户的。”

在进入位于圣地亚哥卡拉特拉瓦（Santiago Calatrava）的Oculus街对面的四季酒店（Four Seasons Downtown）时，客人们会看到一个不同寻常的大堂设计——一个长而高（天花板近5米），狭窄且没有酒店接待处的设计。时尚的石灰华地板，搭配烟熏式橡木墙壁和布鲁诺比利奥层叠式青铜雕塑艺术品。左边是办理入住手续的前台，采取雕琢的分层石头表面设计，不对称地堆叠在一起，增加了视觉上的情趣，由悬着的吊坠支撑着，看起来像神秘的UFO一样灵巧地在上空盘旋。连排设计的休息室和咖啡吧，满足了现代社会对于社交和共享空间不断增加的需求，这是四季酒店追求时尚潮流的客户的必备设施。

在进入电梯大厅之后，正如Pushelberg所解释的那样，走廊设计是“不正常的”，在设计上更加蜿蜒，并与酒店金融区附近蜿蜒的街道互相呼应。一个巨大的楼梯通往二楼活动空间。Yabu说：“为了与立管的数量相匹配，我们不得不设计出大量的发夹弯。”楼梯上有一个由Sawada工作室制作的大型吊坠雕塑。光线从邻近的庭院照射进空间，在墙壁镶嵌珍珠母贝打造出有亚麻般的特殊饰面。

酒店拥有189间客房和套房，可以通过定制的走廊进入，交错的画架上摆设着手工打造的艺术品，使用一种具有明显现代风格的材料和颜色。粉蓝色的亚麻布窗帘、橡木的墙壁、真皮床头和犬牙花纹面料、考究的裁剪，这些都能体现出纽约最富裕、时尚的社区。定制设计的独立式迷你酒吧，让人联想到过去那个华丽的酒吧手推车。从空间上来说，主要营造的不对称主题遍布客房和浴室里，以及来自亚历山大努瓦拉托的希腊石打造成的青铜框架浮雕。酒店内长而窄的空间，也给水疗中心的设计带来了挑战，亚布（Yabu）称之为“我们设计过的最艰难的空间之一”。Yabu Pushelberg再次选择使用干净、宁静的Alexandra Nuvolato石头将走廊设计成不对称、曲折的形状。

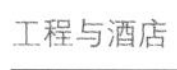

开发人员: Silverstein Properties
酒店运营商: Four Seasons Hotels & Resorts
建筑设计: Robert A.M.Stern
室内设计: Yabu Pushelberg
Lighting consultant: Bouyea and Associates
装饰: The guest rooms, almost all of the furniture was custom designed by YP. Suites are a mix of custom designed and purchased pieces
浴室: Apaiser, Dornbracht, Kohler

....

作者: *Ayesha Khan*
图片版权: *Christian Horan Photography, Scott Francés*

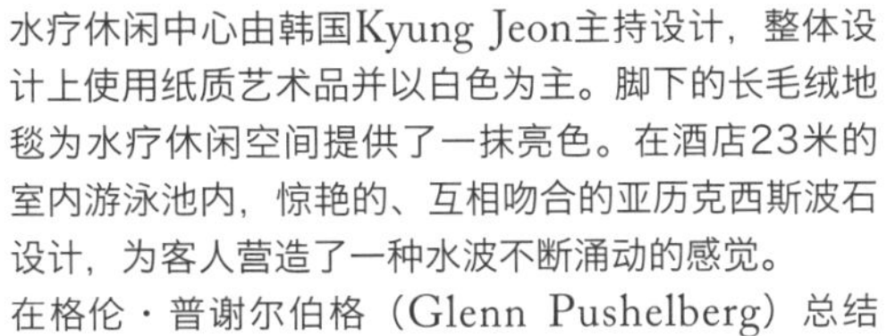

水疗休闲中心由韩国Kyung Jeon主持设计，整体设计上使用纸质艺术品并以白色为主。脚下的长毛绒地毯为水疗休闲空间提供了一抹亮色。在酒店23米的室内游泳池内，惊艳的、互相吻合的亚历克西斯波石设计，为客人营造了一种水波不断涌动的感觉。

在格伦·普谢尔伯格（Glenn Pushelberg）总结了两家纽约酒店之间的主要区别后，他开玩笑地说道：“在过去，人们去四季酒店，总会有一种像是在拜访一位非常有钱的阿姨一样。”“市中心的四季酒店永远不会像第57街那么宏伟，但它却像是一位更加年轻、更酷的兄弟或姐妹。”这不需要特别强调——它并不会试图效仿其他任何东西。”

室内设计，诠释性格

在Wang工作室设计的香港的Rhoda餐厅项目中，通过创造性使用工业氛围和材料，讲述其厨师内森·格林的烹饪风格和个性。

一家自然之中反映了厨师灵魂的餐厅。设计师Joyce Wang通过与JIA 集团的餐饮企业家黄佩茵合作，诠释了内森·格林集团在香港的Rhoda餐厅。其灵感围绕着一个微妙的涉及英国厨师的烹饪哲学和激情的故事展开。在两扇生钢中大型滑动门外，是一个没有被 Sai Ying Pun 疯狂节奏破坏的世界，进入了一个名副其实的美学叙事的建筑空间。在宽敞的开放空间的中心，鸡尾酒吧台和开放式厨房相互面对，成了视觉和美食场景中至高无上的焦点。 Joyce Wang工作室负责材料和装饰选择以及家具和照明，给工业气氛增添了原始风和活力感。日本的Shou Sugu Ban技术是一种用在乡土建筑的饰面上的技术，可用作杉木的防火处理以保其长久，利用这种技术，可以在木质的墙壁和柱子上获得一种烧焦的外观。在Rhoda内部，这种烧焦效果是偏好餐厅的核心烧烤菜肴“Nate”的明确参考。 原创的吊灯散发着烟熏气息，它是由火焰烤黑的上循环洗衣机桶制成的。它的光线洒在宽大的桌面上，成了一曲欢乐的颂歌；它利用铜制造出温暖和琥珀的色调，在酒吧柜台上表现为最初应用于吧台区域照明的氧化绿或者原色调。这位设计师以其与众不同的材料选择而闻名。在这里，水泥和金属网组成了墙壁，厨师的刷子则挂在“Nate's Room”内的铜管上。 对于那些寻找完整体验的人来说，这个六人的小饭馆，让人联想到一家老式理发店，是一封邀请发现厨师“怪癖”的邀请函。

所有者: JIA 集团
室内设计: Joyce Wang 工作室
手工艺品: Joyce Wang 工作室
家具: *IF Collections, Pun Projects, Railis Design*

作者: *Silvia Airoldi*
图片版权: *Lit Ma*

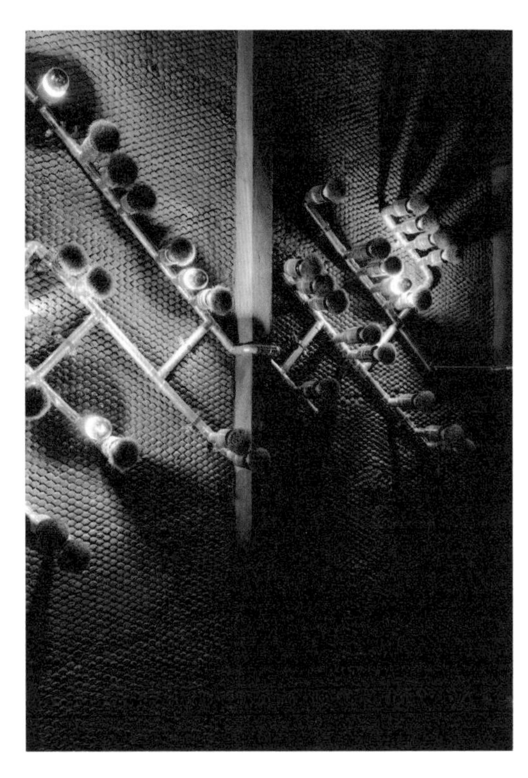

Joyce Wang工作室负责材料和装饰选择以及家具和照明，给工业气氛增添了原始风和活力感。

玻璃房（Glass House）是一个研究原型，用于在极度恶劣的环境中营造舒适空间以满足基本的休息功能。这是为应对这一地区沙漠气候而进行的探索，涉及被动房设计和能源再生工程。

© courtesy of Guardian Glass, photo-Gonzalo Botet and José Navarrete

精彩照片 WONDER．英国，奇切斯特 | 保时捷雕塑 | Gerry Judah设计

这一雕塑是为庆祝“保时捷365”上市70周年和赛车节而打造。其几何造型以八面体为基础，同时也为顶部结构打造了良好的基础。

© David Barbour

Doga design Gianluca Santambrogio
AD massimocavana.com
Res
Doors and systems
www.resitalia.it
info@resitalia.it

精彩照片 WONDER. 沙特阿拉伯，吉达 | 国王塔 | Adrian Smith + Gordon Gill Architecture设计

国王塔将成为国王城一期建筑的核心，塔的高度至少为173米，将设有四季酒店。

精选内容
Monitor

伦敦 | LONG & WATERSON 项目| POLIFORM CONTRACT

Long & Waterson住宅区位于肖迪奇区（Shoreditch），由 Igi - Izaki Group Investment 开发，Aecom公司施工。建筑外观以新式Waterson风格建筑为主，融入20世纪50年代Long Street常见的仓库风格，但以全新方式予以呈现。住宅周边环绕四季常绿的多层私人花园。Oda Architecture为小区设计了119套挑高小户型、公寓和楼顶公寓，精致的内部装饰既保留了20世纪50年代的传统风格，又融入了肖迪奇都市建筑的精髓，包括干净简洁的线条、古典的大铁窗以及强化橡木地板。配备石材台面的定制意式厨房、239个衣柜以及公寓沙盘均由Poliform Contract公司打造。进入小区后，首先映入眼帘的就是Alexandra Steed Urban设计的中央景观庭院和活泼动感的壁画，小区内还配备诸多便利设施，包括阳台、休闲书吧、健身房、spa和电影院。

蒙特利尔 | 加拿大国家银行 | BOLON 地板

加拿大国家银行交易大厅由加拿大公司Architecture 49对阳光生活大厦大厅翻修改造而成。大厦原为一栋24层古建，坐落在蒙特利尔中部，最初由Darling&Pearson公司设计。这栋历史悠久的建筑1918年落成，总面积2855平方米。大理石墙面，建筑内侧环绕一圈夹层。有两排黑色和金色的科林斯式圆柱立于空间之内，屋顶装饰金箔，中间有一个大天窗。建筑翻新的目的，是为256名交易员和管理人员打造一个明亮、舒适、设计精巧的空间。建筑师对原有的柱子、铜制栏杆以及屋顶进行了仔细的修复及翻新，还为其增加了一些现代设计元素，诸如长排的开放式工作台、玻璃隔断的私人办公室以及原色的Pearl Silver地板，该地板来自Bolon旗下的Flow地板系列。

澳门 | 风雅厨 | PORADA

美食和设计是一个能巧妙取胜的最佳搭档，即使星级名厨Alain Ducasse(杜卡斯)都以这个成功法则取胜，深信饕客品尝厨艺前都能先欣赏餐厅的创意概念。这个法则成功应用到他在澳门开设的风雅厨，以及他开设的第二间餐厅——“杜卡斯餐厅”（Alain Ducasse at Morpheus），后者位于澳门摩珀斯酒店(Morpheus Hotel)三楼，并由建筑师扎哈・哈迪德设计。风雅厨与Jouin Manku建筑工作室合作完成餐厅的室内设计项目，这间建筑工作室已有超过15年为杜卡斯在全球开设的餐厅进行室内设计。一个充满体验的地方——温馨亲切，精致高雅的室外环境，采用Porada家具品牌由设计大师Patrick Jouin设计的Ella餐椅和Trunk餐桌打造而成。这位高级美食界的现代设计大师，过去30年为杜卡斯开辟全球美食殿堂之路。

"SARASTAR"超级游艇 | VISIONNAIRE

一个独家的伙伴合作关系，让这个奢侈家具品牌的演绎范畴扩展至航海领域。Visionnaire品牌和游艇厂家Burgess公司的相遇，成就了"Sarastar"超级游艇的诞生，游艇长60米，铝合金材质，最大速度可达19.5节。Visionnaire的家具为游艇带来具备各种风格的内部设计，生活区的主角是"Daydream"沙发、"Kenaz"小桌以及"Fanny"转椅；餐饮区采用"Sevignè"餐椅，而外部甲板区则以"Panarea"系列的家具产品打造。

冰岛｜蓝礁之湖度假酒店｜B&B, MAXALTO

蓝礁之湖（Blue Lagoon）是冰岛最有名的度假胜地，是1992年成立的地热温泉酒店，坐落Reykjanes半岛一片拥有800年历史的熔岩平原中心地段。酒店近期已完成了一项大规模的翻新工程并已再次开张。在Design Group Italia和Reykjavik的建筑设计公司Basalt Architects的联手打造下，酒店为宾客奉上了多样化的游乐项目/设施，包括共有62套客房的酒店、地下温泉、地热潟湖和Moss餐厅。内部装修从其独特的环境中汲取灵感，着意营造自然与人的和谐统一，将简单的形状、同色系色彩、无尽的奢华以及温暖、安心的氛围完美融合在一起。B&B Italia和Maxalto负责提供酒店大多数区域的木制品、家具以及装饰灯具，包括大堂、酒吧间、书吧、套房、餐厅和SPA会所。这些家具既有成品活动家具，诸如Mart 扶手椅、Michel Club成套座椅、Febo扶手椅、多元的软垫椅、配饰和小桌子，也有受Design Group Italia委托为该酒店量身打造的家具。

米兰 | PAL ZILERI | RUBELLI

全新的Pal Zilieri零售精品店的设计概念是打造一个描述风格视觉和阳刚气概的空间，这个设计意念由品牌新创意总监Rocco lannone构思，并由建筑师 Dante O.Benini实现。位于米兰曼佐尼街(Via Manzoni)的品牌精品店成为启动品牌零售网络最大型的改造工程的起始点，这个改造计划将品牌精品店构思成为一个巨大的储物箱，运用大量的色彩划分店内不同的区域和用途，而各种不同的装饰细节，由鲜明的深色木纹到拉丝青铜饰面效果和Rubelli品牌珍贵的纺织面料，都能突显整间精品店的崭新形象。Rubelli品牌纺织面料亦被用于装饰部分墙壁和整个配饰产品区，成就一个传统和现代风格和谐融合的境界。

罗马 | SPAZIO NIKO ROMITO餐厅 | PEDRALI

位于帕里奥利区(Parioli)，与鲍格才别墅的园林只有数步之遥，这间Spazio Niko Romito不是一间餐厅，而是有着星级美食的聚会场所，亦是一个在任何时间都适合的去处。轻妙和令人愉快的环境开启了大众化高级美食之门，带来舒适和健康的体验，这却不仅限于食品。Triplan建筑事务所负责室内设计，选择与Pedrali家具设计公司形成强大的合作伙伴关系，从该品牌挑选的椅子与Niko Romito期望打造的风格完美匹配。Pedrali品牌的Nemea系列椅子，带来优雅和轻盈感，其经典气质为这个极具象征性的地方带来令人赏心悦目的效果，并与餐厅区和咖啡区的风格和谐融合。包点和咖啡区更摆设多张Malmö系列的椅子，为希望停留的顾客提供空间坐下来歇息的场所。

米兰 | CITYLIFE LIBESKIND住宅区 | LUALDI

CityLife社区是米兰最新一代的奢华现代设计项目，由建筑师Daniel Libeskind与当地历史悠久的SBGA建筑设计公司联手合作设计的住宅区，体现卓尔不凡建筑风格。意大利制造的高端品质家具和家居装饰是这个室内设计项目的主角，Lualdi品牌成功被项目设计师挑选成为合作伙伴，除了提供宅门，还包括隔门和衣柜。公寓入口的白色亚光面墙门设计便是该品牌的作品。由四块面板组成的Shoin滑动门在该室内设计项目的空间设计上发挥核心作用。设计师着重木门的饰面细节能与整体室内设计融合一体，Lualdi品牌的Rasomuro 55s木门所采用的亚光漆面，以及无手柄和以徽章状门把开启的Rasoline 55s木门所采用的Dekton饰面物料，便能与客厅墙壁完美地和谐结合一起。

巴塞罗那｜巴塞罗那OD酒店｜KETTAL家具品牌

巴塞罗那OD酒店被评选为2017Re Think酒店设计竞赛“十大可持续再造酒店项目”之一，其简洁的建筑外观和精美的设计细节共同营造出真正的愉悦与奢华之感。 酒店位于市中心，是可持续发展设计的典范——植被立面、太阳能板、暖通空调系统的运用可以节能35%。酒店建筑由Victor Rahola's建筑工作室操刀完成，室内设计由Mayte Matutes负责，家具则由Kettal品牌提供。

OTAM游艇 | ZUCCHETTI. KOS龙头品牌MCY系列

Zucchetti.Kos集团与超级游艇厂商合作，致力于打造精美的环境和提供定制产品。其日光平台上的KOS迷你游泳池（由L+R-Palomba设计）便是合作的成功典范，也是Otam定制系列（由建筑师Tommaso-Spadolini和Marine-Design&Ser-vice共同开发）的第一件产品，配备水按摩和水加热系统，是独立式无界泳池的代表。Zucchetti的Savoir系列手盆（由Matteo Thun和Antonio Rodriguez设计）以高品质的材料、简约的造型和精致的细节为主要特色。这一产品也运用在Monte Carlo游艇上，MCY105和MCY96。Monte Carlo游艇是由Nuvolari-Lenard工作室打造，其可称为航海界的领军，旨在引领游艇设计模式和发展趋势，犹如Savoir.系列推崇“经典与现代”精神一样。

加里波利 | 帕拉泽德可索酒店(HOTEL PALAZZO DEL CORSO) | ILLULIAN

Illulian品牌的Design系列和Marina系列的地毯为加里波利的帕拉泽德可索精品酒店(Boutique Hotel Palazzo del Corso)的全新室内设计增加审美价值和概念型艺术风格价值。该室内设计项目位于市中心区，这间全新的酒店由19世纪建成的两座建筑合并而成。Illulian品牌完美演绎出它的风格，该设计项目和它选用的地毯，背后都有一个故事，述说它采用的珍贵的原材料和独特的制作工艺，为作品带来超凡的质感和美感。Design系列的Ecstasy和Oracle地毯，最能体现时尚的几何图案与经过精心挑选的颜色的完美搭配下，不仅适用于经典风格的环境，更能加强风格和赋予简约感。Marina系列的Amalfi和Saint地毯拥有卓越的品质，是散发海洋气息的地方不可缺少的装饰元素，更能为环境增添迷人的魅力。

利维尼奥 | 运动酒店(HOTEL SPORTING) | TALENTI

作为绿草如茵的Alta Valtellina山谷景色之中的一个休闲绿洲，经过翻新的利维尼奥运动酒店(Hotel Sporting Livigno)堪称是阿尔卑斯山区首间四星级家庭住宿和康体酒店。酒店选用Talenti品牌的家具产品以打造更舒适休闲住宿体验，从cleo系列赏心悦目的几何图案以及由设计师Karim Rashid设计的弧线形Breez躺椅，从Touch系列家具充满轻盈感的外形以及变化多端的Chic系列家具，该品牌的家具被用于酒店的露天空间和室内休憩区。整间酒店以浅淡柔和的色调搭配采用天然物料制成的家具产品打造而成，与酒店四周的大自然气息互相呼应。

伦敦 | 伦敦桥站 | TECNO

距离碎片大厦（The Shard）仅数步之遥的伦敦桥站，是伦敦历史最悠久的铁路站，亦是伦敦乘车量最多的铁路站之一，它已经过大型的扩建工程，整个扩建项目由Grimshaw Architetcts建筑事务所操刀。Tecno品牌的RS系列的长椅被用以装饰月台、室内候车区和通道。RS系列的长椅采用压铸铝质制成，可搭配出超过60款不同的长椅组合。RS系列椅子由建筑师Jean-Marie Duthilleulin与AREP建筑事务所联手合作设计，并为国际著名交通枢纽的等候室特别打造。全新面貌的伦敦桥站设有169张Tecno品牌的RS系列长椅和定制椅子(有靠背和无靠背椅子、有扶手和无扶手椅子以及长椅)，展示品牌的可靠实力，以及面对全球建筑项目的各种需求的高度灵活性。

法兰克福 | 机场1号航站楼 | LG HAUSYS HI-MACS

法兰克福机场1号航站楼的“Open Air Deck”阳台运用温馨细致的弧形装饰风格接待旅客。整个阳台由德国Studio 3deluxe设计，并由Georg Ackermann 和Hi-Macs公司合作建造。Hi-Macs采用无缝设计的Alpine White表面物料完美包饰设计师创作的长椅和桌子，极致发挥LG Hausys固体表面物料的感官和美特性——抗紫外线、抵御严峻气候和抗热冲击防护，与引人注目的设计外观完美融合，并带来别致触感，为设计锦上添花。一个让人喜出望外的机场休憩阳台，一个宛如大轮船甲板的露天建筑概念，摆设品好像是由一整块物料打造的雕塑作品。这就是Hi-Macs效应。

© Delfino Sisto Legnani e Marco Cappelletti | courtesy Fondazione Prada

米兰 | PRADA基金会(FONDAZIONE PRADA) | KNOLL INTERNATIONAL

Prada基金会的Torre大楼最高的两层，由来自OMA建筑事务所的Rem Koolhaas设计，而同名的Torre 餐厅亦正式开业，标志着这个整体的室内设计项目写上了完美句号。该餐厅的设计主题与Prada基金会的主题一致——见证某段昔日的岁月，并通过物件和家具以及与艺术和设计作品结合一起，重新打造出该段昔日的岁月。Koolhass从Knoll品牌丰富的家具作品中，选择了由著名设计师Eero Saarinen和Ludwig Mies van der Rohe为该品牌创作的家具。由芬兰设计师Saarinen设计的餐椅和矮桌带有20世纪50年代风格，为餐厅增添强烈的个性。由设计师Mies van der Rohe创作的Brno扶手椅是1930年的作品，它至今仍是图根哈特别墅内保持完好的家具。Knoll品牌的标志性产品以公司面向全球建筑承包领域的市场策略为本，为高端的建筑设计项目带来极具美感的优质家具。

© Delfino Sisto Legnani e Marco Cappelletti | courtesy Fondazione Prada

北京 | 北京宝格丽酒店 | BAROVIER&TOSO

北京宝格丽酒店是宝格丽酒店系列全新的“宝石”，酒店位于北京朝阳区，邻近启皓艺术基金会，四周被壮丽的园林环抱，并由意大利Antonio Citterio Patricia Viel建筑事务所设计。酒店采用意大利Barovier&Toso品牌的水晶玻璃灯具增添华丽气息，这家来自威尼斯慕拉诺(Murano)的水晶玻璃公司与宝格丽集团旗下的酒店及度假村的深厚关系提升至更高的层次。该品牌的Spinn水晶玻璃吊钉是酒店的瞩目焦点，明亮的旋涡状吊灯有着外形仿如“洋娃娃”的水晶玻璃灯饰(它是慕拉诺传统水晶玻璃工艺采用的灯具装饰品)，为通往宴会厅、宝格丽水疗中心接待处和Niko Romito的Il Ristorante餐厅的酒店中央阶梯，打造充满神秘魅力的氛围。该盏水晶玻璃吊灯采用被称为“balotòn”的传统玻璃制作技术，带来呈现多重阴影的设计效果，与这间都市度假酒店选用的意式设计精髓完美地融合一起。

大开曼岛 | KIMPTON SEAFIRE SPA度假酒店 CONTARDI 灯饰

Kimpton Seafire Spa度假酒店坐落在七英里海滩，由2栋10层楼建筑构成，其中一栋设有265个酒店房间，另一栋为61套公寓。该度假酒店由Dart Real Estate公司开发，融合了“质朴而精致的加勒比风格”以及特有的开曼岛和英属殖民地风情。做旧风格建筑材料与明亮的色彩形成鲜明对比，室内空间则由一个才华横溢的设计师团队倾力打造，包括洛杉矶Powerstrip Studio首席设计师Dayna Lee和Ted Berner、旧金山SB Architects的Mark Sopp以及Kimpton的全球设计与创意总监Ave Bradley。受本土热带花卉颜色的启发，设计小组在配色方面运用了岛上生物的天然色调，以及沙滩和树皮的红色和紫红色。阳台上装饰了砂色Muse Battery Outdoor落地灯或可提式台灯，两款灯具均由Contardi公司的Tristan Auer设计。主卧室内在床头位置安装了多盏Kira台灯提供照明，该款台灯出自Contardi公司的Massimiliano Raggi之手。

纽约 | RAFAEL VIÑOLI & DEBORAH BERKE PARTNERS设计
ARAN WORLD橱柜

位于曼哈顿中心公园大道432号矗立着纽约最高的住宅楼（426米），其建筑由RafaelViñoli打造，室内则由Deborah Berke Partners联手知名家具品牌Aran World负责，包括100多间豪华公寓，配备482间浴室、78个洗衣房、214个Newform Night Cabinet橱柜系统和142间厨房。其中，厨房内选择的Lab13系列，是根据设计师的具体要求定制。

米兰 | AB: IL LUSSO DELLA SEMPLICITÀ餐厅 | BUZZI & BUZZI

建筑师Alfredo Canelli和Well Made Factory的建筑师Giovanni Antonelli联手合作，为名厨Alessandro Borghese在米兰创立的全新餐厅打造散发充满20年情怀的温馨风格。强烈的色彩，温暖和天然的物料，以及运用几何图案作为装饰，无一不突显餐厅内每一处的独有风格，与Buzzi & Buzzi的照明产品完美匹配。餐厅采用Buzzz和Eggy这两款分别为六角形和卵形的嵌入式天花灯，使用AirCoral®技术制成，照亮餐厅宽敞的走廊和阶梯，并一直延伸到这间全新面貌的高级美食殿堂中央位置。采用AirCoral®白色光学技术制成的Eggy天花灯和漏斗形Funnel吊灯用于餐厅酒吧，而X1、Taurus和Pipedino Open灯具则用于卫生间。

巴黎 | 卢滕西亚酒店(HOTEL LUTETIA)
LEMA CONTRACT

坐落在巴黎中产阶级的拉丁区中心地段，经历了4年改造工程，卢滕西亚酒店已重新开业，这座充满历史的酒店位于法国首都，绝对是20世纪巴黎文化发展的催化剂。Lema Contract建筑设计公司是该酒店的家具产品供货商的不二之选，能屡屡打造精工细作和独有的专属定制作品，为大量重要的建筑设计元素带来得意之作，由建筑师Jean-Michel Wilmotte监督的这个酒店室内翻新项目便是最佳的范例。175间客房和以Josephine Baker命名的套房全部由Lema Contract建筑设计公司精心打造。从地板到家具，从墙壁到弓形窗、门、玻璃墙、护壁板和金色的装饰细节，只有顶级的建筑承包商才有实力打造。

米兰 | SHIMOKITA餐厅 | VENINI

流行文化和隐蔽的氛围，大胆创新的风格和刺激的色彩，建构出供应日式小吃的全新Shimokita餐厅。这个让人意想不到的地方位于米兰中心地段，店内的灯具来自Venini品牌的玻璃灯饰产品，与整间餐厅的风格产生令人惊喜的相连性。餐厅入口用上大师级的Diamantei经典威尼斯水晶玻璃吊灯，为现代感十足的Shimokita餐厅注入"美好时代"的经典风格元素。充满感官刺激的titis壁灯和吊灯来自Studio Jobs设计工作室设计的Mae West系列，四周搭配著名意大利街头艺术家和手绘艺术家Mr. Wany设计的各式各样涂鸦画作。这是Venini品牌和Luca Guelfi集团自米兰的Saigon餐厅改造工程后，再度联手合作的项目。

圣莫尼卡 | HEADSPACE总部 | GAN RUGS

GanRugs是经营地毯、家具和家具配件生产的Gandia Blasco家具设计公司旗下品牌，它设计的纺织品在颜色和外形方面，都让位于美国加利福尼亚州，由Kelly Robinson设计的Headspace总部变得更明亮光鲜。被誉为“全球最以快乐为本的办公室”，GunRugs品牌系列使人愉悦的设计风格便最适合它——设计师Patricia Urquiola设计名为Mangas Space的一系列模块化作品，有助把空间划分和重新组合，并为不同的室内环境赋予充满活力的色彩，而由设计师José Gandia Blasco设计的Mota 2地毯手工精致，为这个精心打造和风格另类的室内设计项目增添优雅气质。

马拉喀什| 72 RIAD LIVING酒店 | RITMONIO

采用时尚的建筑细节为经典的摩洛哥风格注入现代化的元素，成为位于马拉喀什的72 Riad Living精品酒店的全新面貌。从市内一座历史建筑改造而成的这间酒店，改造工程由建筑师Paolo Pagani设计，他保持整座建筑的结构和外观特性，特别是围绕着长满绿色植物的中央庭院的12间客房。康体和休憩空间设于套房里，目的是保存当地的文化遗产，并与高雅和时尚的设计相结合。酒店选用Ritmonio品牌标志性的Diametro 35系列的不锈钢产品作为家庭套房的浴室配件。整间酒店由Chouf Project设计工作室进行室内设计。

澳门 | 美狮美高梅酒店(MGM COTAI)
PRECIOSA

富丽堂皇的高级美狮美高梅酒店，是美高梅集团在中国最新的发展项目，美狮美高梅囊括超过300件现代艺术珍品，是澳门最大型永久艺术收藏之一。在这个糅合高度创造力、文化气息和极致奢华的酒店，最适合采用有相同气质的Preciosa灯饰产品——大型的灯饰装置打造令人难忘的璀璨华丽景象，照亮整间酒店的无数角落，当中包括赌场区、美高梅艺术大堂、视博广场大堂、水疗中心和“淳”餐厅。

摩纳哥 | 巴黎大酒店(HOTEL DE PARIS)
LISTONE GIORDANO, CATELLANI & SMITH

Affine Design建筑事务所的建筑师Richard Martinet精心设计这座经历第四次改造工程的摩纳哥巴黎大酒店(Hotel de Paris)，这座充满摩纳哥皇室气派的标志性酒店经过彻底改建后已重新开放。保存“美好年代”的经典建筑元素的同时，全新的建筑计划从酒店低层往上层逐渐融入更强烈的概念型室内设计风格，让整个空间弥散浓厚的建筑美学。在选择物料和润饰效果方面，它特别采用Listone Giordano的木质地板，该品牌更为酒店套房特别制作一种精制的法国橡木地板。两款仿如明珠的灯饰是Catellani&Smith品牌的Luna led和Malagolina。前者为壁灯，后者为桌灯，体积虽小，却好像闪烁生辉的石雕作品，并渗透出素净简约的风格。

METAMORPHOSIS 小镇 | 场域特定艺术 | MAGIS

在距离雅典20分钟车程的这个小镇，希腊A31建筑事务所的建筑师Praxitelis Kondylis为一间照明技术公司构思了一个非常有概念艺术风格的空间，目的是将灯光的潜能转化成大大小小的设计项目。这个空间没有被设计成传统的照明产品陈列室的模样，而是一个展示全球设计项目和艺术作品的场所。在这个闪耀的空间设计下，特别在于它的灯光，Magis设计公司的家具产品造型更为这个充满工业气息的场地增加高度的审美价值。Déjà-Vu椅子，Officina扶手椅，Chair-One椅子和Traffic沙发这四个赢得世界级设计奖的标志性家具，成了四个出色的艺术品，与Kondylis构思的室内设计概念完美融合。

巴塞罗那 | 索菲亚酒店(HOTEL SOFIA) | BILLIANI

作为巴塞罗那城市景观上一个引人注目的焦点，位于Avenida Diagonal大街的索菲亚酒店设有22楼层，它的前身是索菲亚公主格兰酒店。这间酒店经过了两年的改造工程，建筑项目和室内设计由建筑师Albert Blanch 和SBC Studio联手合作打造，酒店房间则由 Selenta集团的室内设计团队设计。447间客房和18间套房提供不同的住宿选择，分别是Wish套房、So Suite套房以及Infinity、Sphere和Harmony客房。Sphere和Harmony客房采用来自意大利乌迪内的Billiani品牌的Hippy椅子和Grapevine咖啡桌。该款椅子特别具备宽阔的外形，由建筑设计师Emilio Nanni操刀。Hippy椅子带有软垫外壳，配有经过精心车削的山毛榉木椅脚。Grapevine咖啡桌由建筑师Egidio Panzera设计，桌脚以图案装饰并带有新立体派艺术风格，咖啡桌结构采用胡桃木色漆面的山毛榉木制成，并搭配胡桃木桌面。

重庆 | 重庆西站 | COTTO D'ESTE

从宏观到微观，从采用Cotto d'Este墙壁面板的119,600平方米总建筑面积，到只有3.5毫米的Kerlite Exedra系列陶瓷面板。全新建设的重庆西站位于沙坪坝区，由中国最大的建筑设计公司中国中铁二院工程集团负责室内设计，其设计特色是将选用的大理石所呈现的古旧风貌与整个项目的崭新设计形成对比。Kerlite Exedra系列的Travertino面板，将最古老的大理石以崭新的方式重新演绎，呈现极致精密的条纹细节，带来强烈的视觉美感，而采用的玻璃纤维增强材料，给予了材料最大的强度。

设计灵感
Design Inspirations

国际知名签约品牌提供创意产品

© Marco Covi

KIIK | ICHIRO IWASAKI 设计 | ARPER（摄影）

Kiik 是岩崎一郎发明的模块化解决方案，将不同元素结合在可重新配置的系统中，从而赋予生活一系列不同的选择，其在等候室和休息室中的设计中得以广泛应用。

PRELUDIA 桌椅组合 | BRAD ASCALON 设计 | CARL HANSEN&SON 家具

Preludia系列包括不同的椅子和桌子，可满足用户在各种环境中的不同需求，如自助餐厅、会议室和机场。Preludia系列体现了现代和极简主义风格。

ISADORA 座椅 | ROBERTO LAZZERONI 设计
POLTRONA FRAU 家具

Isadora座椅被赋予曲线的造型和独特的饰面：主体结构采用灰色实木打造，靠背采用皮革切割成型，并经过染料上色和打蜡处理，对比色和同色的运用别具特色。

JACQUELINE 台灯 | UMBERTO ASNAGO 设计 | PENTA 品牌

这是一款便携式户外台灯，其设计将拉丝金属结构和环保皮革巧妙结合在一起，也将技术的乐趣和剪裁的细节实现了完美的统一。

GALET 沙发 | LUDOVICA AND ROBERTO PALOMBA 设计
GIORGETTI 家具

Galet沙发以简洁的线条为特色，这是源自对经典的重新解读。其采用皮革或织物制造，靠背放在左右两侧均可。

HANEDA 坐垫 | MARC SADLER 设计 | DÉSIRÉE 配饰

这一坐垫让人不禁想到榻榻米垫子，但其又是非常独特的、全部采用自然材料做成。垫子带有可拆卸的靠背结构，优雅而实用。再次强调，垫子全部采用椰棕、乳胶、羽毛、棉花和羊毛填充。

LIBELLE 架子 | PIETRO RUSSO 设计 | BAXTER 家具

Libelle 主体通过不透明的黑色漆金属框架诠释，两端使用压力顶杆（黄铜饰面）分别固定在地板和天花上。货架由稻草制成，并采用枫木框架固定。

TANYA 座椅 | ROBERTO LAZZERONI 设计 | VISIONNAIRE 家具

Tanya 座椅受到多重灵感的启发，从北欧设计到汽车世界。设计师典型的有机线条赋予其柔和的特性，铝制凳腿采用金属饰面，使主体结构仿佛飘浮起来并通过虚实比例得体的饰面包裹。

IKKOKU 座椅 | DAVIDE CARLESI & GIAN LUCA TONELLI 设计 BIFASE 家具

Ikkoku 座椅设计灵感源自日本文化，其在意大利生产，主要特色是装饰有不同织物图案的胶合板包裹的靠背。

PRISM 座椅系列 | TOKUJIN YOSHIOKA 设计 | MINOTTI 家具

这一系列的设计包含了扶手椅、无扶手椅、休闲扶手椅、法式扶手椅，双座和三座沙发以及搁脚凳系列。座椅结构延伸部分的独特之处在于可以支撑人的双脚，它从位于座椅外部主体，以一段条状物的形式延伸出来（细节请参照本系列产品），本系列完美诠释了公司的缝纫技术。

GRANDE 座椅系列 | MARAZZI 家具

Grande系列包括扶手椅、休闲椅、安乐椅、双人座及三人座沙发和长软椅，其独特之处即为支撑结构——从座椅主体延伸出来，并通过胶带与其“捆绑”，旨在突出该品牌的裁缝工艺。

COLLAGE 镜子 | LUCA GALOFARO 设计 | ANTONIOLUPI 家具

Collage镜子集艺术与设计于一体，采用模塑玻璃板分层技术制成，形成一组立体拼贴效果。

ELIPSE 靠背椅 | PATRICK JOUIN 设计 | ZANOTTA 家具

这一设计的主要特征即为靠背中央的圆形开口，使其使用起来更加便利。方管状的铝合金结构与整体形成鲜明对比，使其更加轻盈。座椅及其靠背勾勒出柔和的曲线造型。

TARTAN 沙发 | LIVIO BALLABIO设计
GIANFRANCO FERRÉ HOME 家居品牌

这一标志性的双人座沙发受到20世纪50年代精致风格的启发，高椅背和纤细的黄铜腿赋予其与众不同的个性，格子呢纺织品增强其表现力，唤起典型的英伦情调。

ALTON 座椅 | DAVID LOPEZ QUINCOCES 设计 | LEMA 家具

Alton座椅采用半圆形突起金属框架打造。其靠背分为自然色和深棕色，手工皮绳构成了其主要特色。

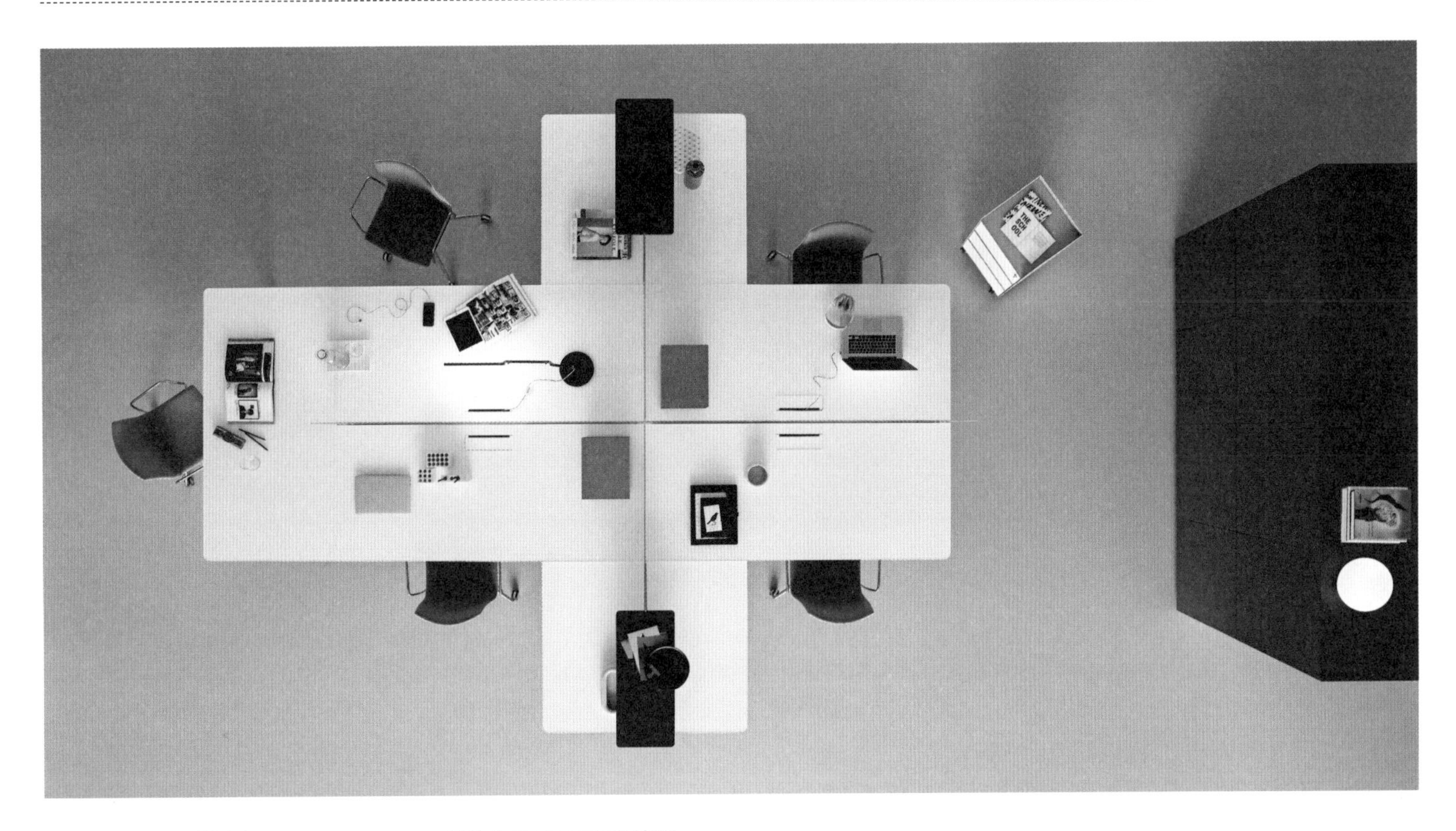

FLAT SYSTEM 桌子 | GIUSEPPE BAVUSO 设计 | RIMADESIO 家具

这是为专业功能性空间打造的桌子，通过铝材挤压成型并带有玻璃桌面。Flat System 是同名桌子的自然升级系列，其配备工作区、终端装置及特殊设备和附件。

ICONIC EYES 吊灯 | BERNHARD DESSECKER 设计 | MOOOI 家具

吊灯的椭圆造型既现代又不失经典，包括两种规格。其散发出柔和的光线，外观华丽高贵，由多个水晶体和 LED 灯泡构成。

EDA-MAME 休闲椅 | PIERO LISSONI 设计 | B&B 家具

Eda-Mame休闲椅以其雕塑板的设计样式而被赋予强烈的个性。其采用弹性面料制成，底部饰有轻质缝线。它结合三种类型座椅于一身：休闲椅、高靠背座椅和脚凳。

MATRIX 壁纸 | 德拉格&奥维尔（DRAGA & AUREL）
WALL&DECÒ 壁纸（LORENZO PENNATI 摄影）

“朋克演绎风格”（Punk Reloaded）为 Matrix 壁纸带来灵感，创作了一种使我们远离尘世与自然的色彩美学概念。沉浸在电子世界中——不同寻常的色彩令人不禁想到数字世界领域的非物质性。

BASE TABLE HIGH 桌子 | MIKA TOLVANEN 设计 | MUUTO 家具

铝框架和削减的比例结构赋予 Base Table High 桌子全新的特色，其设计追溯到桌子的精髓，功能更加多样化，可作为吧台、柜台等运用到不同功能的空间内，轻盈而简约的特质使其备受欢迎。这款桌子可配合 Nerd 吧凳和 Unfold 台灯一起使用。

OCEANOGRAPHER COLLECTION 系列 | MARCEL WANDERS 设计 NATUZZI ITALIA 家具

Marcel Wanders 的标志系列从阿普利亚海的色彩中获得灵感，从绿松石色到深蓝色变换。这一系列包括不同规格的软垫家具，椅背采用针织皮革打造，垫子颜色从紫罗兰色到蓝色变换。

CLAP 座椅 | PATRICIA URQUIOLA 设计 | KARTELL 家居品牌

Kartell品牌与米兰一家年轻的服饰家居饰品品牌（擅长复古印花制品）合作推出了全新的家具系列，以新的形势重新诠释了其一系列的标志性产品。Clap座椅有四种样式可供选择，受20世纪70年代风格启发的 “Geometrico”以及源自20年代设计灵感的 “Ninfea”“Olive” 和 “Picnic”。

CRYSTAL 系列 | SICIS 家具

集功能性和优雅性于一身，这一产品为饰面领域提供了全新的视角。Crystal 系列可以定制，可以与 Sicis 马赛克一起使用(通过玻璃胶黏合)，为室内外空间装饰提供完美解决方案。

RIGO 卫浴 | PATRICIA URQUIOLA 设计 | AGAPE 卫浴

Rigo卫浴家具设计灵感源自建筑，沿墙壁延伸的两个大型平行杆结构明确地标记了空间，并固定着水槽等结构。一系列的托盘和存储结构完善了不同的功能，大理石、木材和氧化铝材料的运用则增添了美感。

ROD BEAN 系列 | PIERO LISSONI 设计 | LIVING DIVANI 家具

全新的 Rod Bean 由半成品和成品元素组成，以流畅、动感的形状巧妙地融合在一起，创造出更加诱人的空间。成品的弯曲度和双重深度允许新元素与现有元素完美地集成在新的装置和组合系统中。

BINARIO 卫浴系统 | GESSI 卫浴

作为 ArchitecturalWellness® 计划的一部分，Binario卫浴系统结合了不同的功能：瀑布、雾化、降雨、照明（与Artemide合作）和吸声。所有元件位于技术轨道上，可以根据测试的最佳方案来实施和安装。

NEIL 休闲椅 | JEAN-MARIE MASSAUD 设计 | MDF ITALIA 家具

Neil 休闲椅以轻盈和优雅为特色，包含两个不同款式，可折叠或无外壳，高靠背或低靠背、有扶手或无扶手。这一产品外形设计按照建筑四星级标准打造。

CRADDLE 座椅组合 | NERI&HU 设计 | ARFLEX 家具

Craddle座椅组合系列包含扶手椅和沙发，主要特色体现在结构上：经典的三角形结构反复出现，缠绕在织物覆盖的主体框架上的牛皮带用于固定软垫，而带子本身则固定在钢材凳腿之间。独特的设计使其看起来很像一个摇篮！

ACE TABLE 桌子 | HENGE 家具

Ace Table桌子是为新项目的餐厅而打造的，以有机造型为主要特色。手工编织的野蔷薇靠背结构直接插入复古铸青铜桌脚。

GILDA 扶手椅 | FENDI CASA 家具

Gilda扶手椅是不同造型的反复，更是虚实的叠加，蜿蜒的几何形状俏皮地定义了一个由轻钢结构包裹的舒适结构。

ASCANIO 咖啡桌 | ANTONIO CITTERIO 设计 | FLEXFORM 家具

Ascanio咖啡桌主体结构采用坚固的胡桃木或白蜡木制成，桌面或是木材，或是大理石。这款桌子有三种尺寸和多种色彩可选。

PLYWOOD GROUP 座椅 | CHARLES & RAY EAMES 设计 | VITRA 家具

Plywood Group座椅是伊姆斯夫妇于1945年设计的，目前有深色和天然灰胡桃木成品，其开拓了符合人体轮廓三维模塑胶合板座椅技术的先河。

SOUL 座椅 | EUGENI QUITLLET 设计 | PEDRALI 家具

这一产品是自然与技术的完美融合——精致的曲线动感十足，勾勒出灰色主体结构的特色，复合人体工学的座椅在扶手等结构的“拥抱下”似乎悬浮起来。

ABACO 卫浴系统 | NATALINO MALASORTI 设计 | CEA 卫浴

Abaco是一个多功能的模块化卫浴系统，集合了所有必要的卫浴技术打造而成，简约而不失美感。该系列主要由高性能、卫生并环保的不锈钢材质制造。

ESCHER® 壁纸 | JANNELLI & VOLPI 设计

Escher® 系列依然以 Escher 的原创风格和经过 M.C. Escher 基金会认证的受此风格影响的其他风格为特色。目前有无纺布或无纺布底层金属饰面系列可供选择。

SLINKIE 地毯 | PATRICIA URQUIOLA 设计 | CC-TAPIS 家具

Triple Slinkie是一款尼泊尔手工编织的喜马拉雅羊毛地毯，其概念源自设计师 Patricia Urquiola。其包含一系列产品线，其中每一件地毯都带有彩色打结结构，代表着纯正的羊毛进化史。

PLUVIA 座椅 | LUCA NICHETTO 设计 | ETHIMO 家具

Pluvia由铝框架和编织外壳打造而成，可折叠，和20世纪80年代意大利广场上随处可见的座椅极其相似。坚固的框架使其更加结实，但同时又减轻并简化了座椅的重量和结构。

GALET 沙发 | LUDOVICA AND ROBERTO PALOMBA 设计 | GIORGETTI 家具

Galet 沙发以简洁的线条为特色，这是源自对经典的重新解读。其采用皮革或织物制造，靠背放在左右两侧均可。

SERENDIPITY 吊灯 | MELOGRANOBLU 家具

Serendipity 是一款手工吹制的磨砂玻璃吊灯，设计灵感来自大自然，以柔和的线条、有机、自然而原始的形状为主要特色。

COCO 座椅 | BUSETTI GARUTI RADAELLI 设计 | CALLIGARIS 家具

Coco座椅的出现旨在重谱20世纪50年代椅子的魅力，优雅的造型、包裹的靠背、金属管框架和衬垫外壳之间的对比构成了其主要特色。

FUNNY.SAT 吸音板 | STEFANO BIGI 设计 | IVM 家具

Funny.Sat吸音板为那些喜欢在安静环境中工作的人们提供完美解决方案。独特的半圆形面板采用高吸音材料打造，通过简单而直接的方式实现声学改造。这是一款以声学健康为设计理念的创新产品。

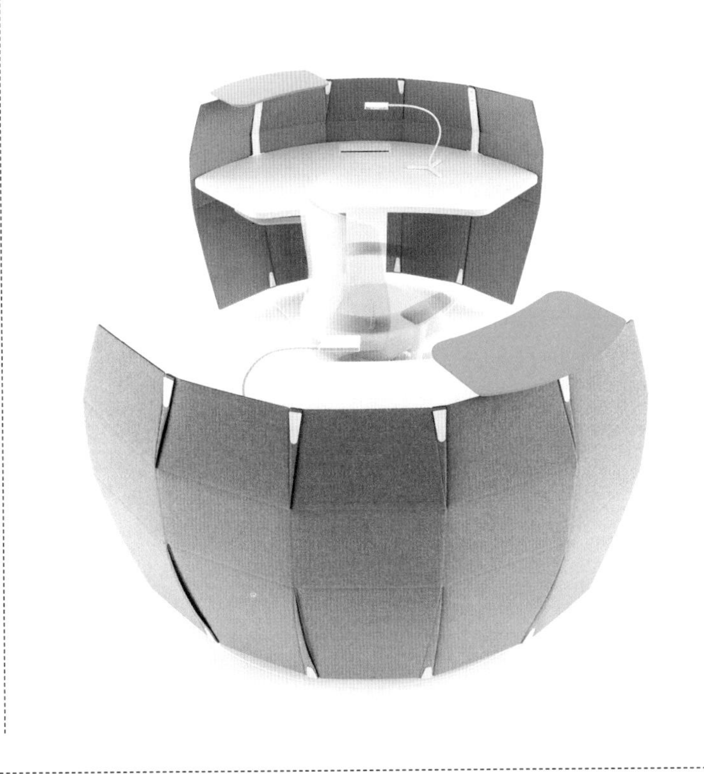

SUPERONDA SPECIAL 样式 | ARCHIZOOM ASSOCIATI 设计 | POLTRONOVA 家具

这是反设计理念的六个全新样式：包括无内部结构的沙发和波浪切割的一分为二的聚氨酯块结构。在其品牌成立50周年之际，已经制作了6个版本，每个版本11份。

ORGATEC
WWW.ORGATEC.COM
NEW VISIONS OF WORK
COLOGNE, 23.–27.10.2018
Buy your trade fair ticket online now and save up to 46 per cent!
CULTURE
@

即将推出项目
Next

即将推出的全球项目预览

新加坡 | 新加坡大厦 | BIG BJARKE INGELS GROUP 和CRA CARLO RATTI ASSOCIATI设计

新加坡大厦位于中心商务区的市场街，高达280米，以其纤细的轮廓改造城市的天际线。其选址在20世纪80年代建造的停车场内，由BIG Bjarke Ingels Group和CRA Carlo Ratti Associati合作建造，是一栋融合了最先进技术的摩天大楼。一层，绿色小径和带顶棚的大厅一直通往城市空间（City Room），一个举架高达19米的开放区域，可作为通往内部的入口，也可用于举办各种与健身、艺术或其他社区活动相关的活动。 其中上面51层为住宅和办公区（299个住宅单位），较低楼层设有商业空间和餐厅。整个建筑的核心区域是一个称作“绿洲”的空间：一个4层的花园，包含工作、休闲、体育运动区域。该项目由CapitaLand置地有限公司、CapitaLand商业基金和Mitsubishi地产公司合资开发，预计将于2021年完工。

Photo © BIG-Bjarke Ingels Group & VMW

马斯喀特｜文华东方酒店｜马斯喀特 (EAGLE HILLS)

全新的文华东方酒店选址在城市黄金海滩之上，将拥有150间客房和套房、5间餐厅和酒吧、一个水疗中心、一个室外泳池以及多个宴会厅和会议室。其低层建筑使阿拉伯海的美丽景色得以充分利用。此外，该集团还将管理酒店的155间公寓，包括阿曼首都区的私人公寓，其面积在75到260平方米不等。这一项目由Eagle Hills Muscat私有房地产投资开发，预计于2021年对外开放。

Photo © courtesy of Mandarin Oriental Hotel Group

圣保罗 | 那科斯乌尼达四季酒店

ODEBRECHT REALIZAÇÕES IMOBILIÁRIAS 事务所

位于那科斯乌尼达（Nações Unidas）的四季酒店计划于2018年底开业，是巴西第一家四季酒店，与波哥大、布宜诺斯艾利斯和哥斯达黎加四季酒店共同构成美洲南部和中部发展规划。Parque da Cidade总体规划项目旨在打造该地区新的文化及商业中心，29层的世纪酒店包括16层酒店空间（254间客房）、两个餐厅、一个水疗中心、室内外泳池，以及举办商务会议、婚礼和社交活动的空间。此外，该建筑还包括84个私人住宅。设计团队与HKS Architects、Aflalo e Gasperini Arquitetos、BAMO（负责客房、水疗中心、大堂及其他公共区域）、EDG（负责意大利餐厅、酒吧俱乐部等）和Studio Arthur Casas（负责住宅部分）共同合作完成该项目。

Photo © courtesy of Four Seasons

奥斯陆 | 奥斯陆机场城规划 | HAPTIC 建筑事务所、北欧建筑事务所

奥斯陆机场城（OAC）总体规划是位于Gardemoen和Jesshein机场之间的一个新型环保的智能化城市项目，竞赛获胜结果于2018年3月公布，由挪威事务所Haptic Architects和Nordic – Office of Architecture获得。这一项目取得挪威政府支持，旨在实现原油经济到新能源经济的绿色转变，其占地400万平方千米，推崇低碳和环保技术。该项目包括酒店、办公、零售、服务、娱乐设施及广场绿地等。该计划将成为技术驱动型城市的实验平台，配备无人驾驶电动汽车、自动照明以及智能移动、垃圾处理和安全监控等技术设备。一期工程预计将于2019—2020年启动，并于2022年竣工。

Photo © Forbes Massie Haptic Architects and Nordic – Office of Architecture

利雅得| MIRABILIA住宅区 | ROBERTO CAVALLI, DAR AL ARKAN设计

在利雅得（Riyadh）哈尼法湿地（Wadi Hanifa）区一个全新的豪华住宅区将崛地而起，由Dar Al Arkan（沙特阿拉伯证券交易所上市的最大房地产开发商）开发，Roberto Cavalli负责别墅区室内设计工程。住宅区命名为“Mirabilia”，为高端客户群体打造，包括住宅、零售、商业和酒店，可以全方位观赏湿地的壮丽美景。其中别墅区的建筑面积从300平方米到1400平方米不等，最多包括4间卧室。设计灵感源自自然，旨在让所有空间都沐浴在阳光下，因此选用了落地玻璃窗。Roberto Cavalli集团为新业主提供独家咨询服务，为每个豪华住宅定制设计方案。

Photo © courtesy of Dar Al Arkan, Roberto Cavalli

斯瓦提森（挪威）| Svart酒店 | SNØHETTA设计

Svart将成为北极圈上的第一家酒店，完全按照发电厂标准打造。在未来的60年里，其必须生产出足够的能源以抵消建设成本，尤其是地热和太阳能。这一项目由SNØHETTA，Asplan Viak和Skanska共同完成。酒店选址在斯瓦提森山脚下，其建筑灵感源自挪威典型的渔民小屋。环形的主体结构由散落在水下的木桩支撑，室内包括特殊设计的房间，确保最大限度地保证光线射入。宽敞的大窗和环形造型保证了建筑的透明度，能够与自然环境紧密相拥。

Photo © Plompmozes